A. Meenakshi
O. Mythreyi
J. Senbagamalar

Melhoria da segurança em redes difusas através de um domínio eficiente

A. Meenakshi
O. Mythreyi
J. Senbagamalar

Melhoria da segurança em redes difusas através de um domínio eficiente

ScienciaScripts

Imprint

Any brand names and product names mentioned in this book are subject to trademark, brand or patent protection and are trademarks or registered trademarks of their respective holders. The use of brand names, product names, common names, trade names, product descriptions etc. even without a particular marking in this work is in no way to be construed to mean that such names may be regarded as unrestricted in respect of trademark and brand protection legislation and could thus be used by anyone.

Cover image: www.ingimage.com

This book is a translation from the original published under ISBN 978-620-7-84152-3.

Publisher:
Sciencia Scripts
is a trademark of
Dodo Books Indian Ocean Ltd. and OmniScriptum S.R.L publishing group

120 High Road, East Finchley, London, N2 9ED, United Kingdom
Str. Armeneasca 28/1, office 1, Chisinau MD-2012, Republic of Moldova, Europe
Printed at: see last page
ISBN: 978-620-7-94012-7

REFORÇO DA SEGURANÇA EM REDES DIFUSAS ATRAVÉS DE UM DOMÍNIO EFICIENTE

A.MEENAKSHI[1] , O.MYTHREYI[2] , J. SENBAGAMALAR[3]

[1,2&3]DEPARTMENT *of Mathematics, Vel Tech Rangarajan Dr. Sagunthala R&D Institute of Science and Technology, Chennai-600062, Índia.*

Email:meenakshiannamalai1@gmail.com

ÍNDICE DE CONTEÚDOS

LISTA DE SÍMBOLOS E ABREVIATURAS

$\deg(u)$ -   Degree of the vertex u

(G) -   Domination number of G

$E(G)$ -   Edge set of a graph G

G -   Graph

$G\ p,q$ -   Graph G with p vertices and q edges

$G\ V,E$ -   Graph G with vertex set V and edge set E

$N(v)$ -   Open neighbourhood of *vertex v*

$N\ v$ -   Closed neighbourhood of *vertex v*

(G) -   Maximum degree of G

(G) -   Minimum degree of G

$_t(G)$ -   Total domination number of G

$V(G)$ -   Vertex set of a graph G

$\sigma_{V_F}(a_i)$ -   Vertex membership value of a_i

$\mu_{V_F}(a_i, a_j)$ -   Edge membership value of (a_i, a_j)

T_{V_s} -   Truth membership value of the vertex of fuzzy graph

I_{V_s} -   Indeterminate value of the vertex of fuzzy graph

F_{V_s} -   Falsity membership value of the vertex of fuzzy graph

T_{E_s} -   Truth membership value of the edge of fuzzy graph

I_{E_s} -   Indeterminate membership value of the edge of fuzzy graph

F_{E_s} -   Falsity membership value of the edge of fuzzy graph

INTRODUÇÃO

1.1   CONCEITOS BÁSICOS DE GRÁFICOS

Definição 1.1.1. Um *grafo G* é um par (V, E), em que V é um conjunto não vazio cujos elementos são chamados *vértices* de G e E é um conjunto de subconjuntos de 2 elementos de V, cujos elementos são chamados *arestas* de G. Os conjuntos V e E são o *conjunto dos vértices* e o *conjunto das arestas* de G, respetivamente. Escrevemos $V(G)$ e $E(G)$ em vez de V e E para enfatizar que estes são os conjuntos de vértices e de arestas de um determinado grafo G.

Se $e = \{u, v\}$ for uma aresta, pode escrever-se $e = uv$ e diz-se que e une os vértices u e v ; u e v chamam-se vértices *adjacentes*; u e v dizem-se *incidentes* com e. Se dois vértices não estiverem unidos por uma aresta, diz-se que **não são** *adjacentes*. Se duas arestas distintas incidem num vértice comum, diz-se que são adjacentes entre si.

Definição 1.1.2. O número de elementos do conjunto de vértices de um grafo G é designado por *ordem* de G. Um grafo com p vértices e q arestas é designado por grafo (p, q).

Definição 1.1.3. O número de arestas incidentes num *vértice* v_i chama-se *grau* de v_i e é denotado por deg $(v_i$). O *grau mínimo* de um grafo G é o grau mínimo entre os vértices de G e é denotado por $\delta(G)$; o *grau máximo* de G é o grau máximo entre os vértices de G e é denotado por $\Delta(G)$. *A vizinhança e a vizinhança fechada* de um *vértice* v no grafo G são designadas por $N(v)$ and $N[v] = N(v) \cup \{v\}$, respetivamente.

Definição 1.1.4. Um conjunto $S \subseteq V(G)$ é um *conjunto dominante* se, para cada *vértice* v em V-S, existe um vértice u em S tal que v é adjacente a u. A cardinalidade mínima de um conjunto dominante em G chama-se número de dominação de G e é denotada por $\gamma(G)$. Chamamos a um conjunto dominante de cardinalidade mínima γ -set de G.

Definição 1.1.5. Um conjunto $S \subseteq V(G)$ é um *conjunto dominante total* (CDT) se todos os vértices $v \in V$ forem adjacentes a um vértice de S. Chamamos conjunto dominante total de cardinalidade mínima ao conjunto $\gamma_t(G)$ de G. A cardinalidade mínima de um conjunto dominante total chama-se número de dominação total e é denotada por $\gamma_t(G)$.

Definição 1.1.6. Um conjunto dominante $S \subseteq V(G)$ é designado por *conjunto dominante eficiente* se, para cada vértice $u \in V, |N[u] \cap S| = 1.$, o conjunto dominante equivalente S for eficiente se a distância entre dois vértices quaisquer em S for pelo menos três.

Definição 1.1.4. Um grafo difuso (FG) tem a forma $H_{FG} = (V_F, E_F)$ é um par de funções $\quad ; \sigma_{V_F} : V_F \to [0,1] \; \mu_{V_F} : V_F \times V_F \to [0,1] \quad$ em que $\mu_{V_F}(a_1, a_2) \le \min\{\sigma_{V_F}(a_1), \sigma_{V_F}(a_2)\}$ para $a_1, a_2 \in V_F$.

Definição 1.1.5. O grafo subjacente de um grafo difuso (FG) é da forma $H_{FG}^{*} = (V_F, E_F)$ em que $V_F = \{a_1 \in V_F : \sigma_{V_F}(a_1) > 0\}$ e

$E_F = \{(a_1, a_2) \in V_F \times V_F : \mu_{V_F}(a_1, a_2) > 0\}$

Definição 1.1.6. Diz-se que um subconjunto T_F de V_F é um conjunto dominante de um grafo difuso se, para cada vértice de V_F - T_F for dominado por pelo menos um vértice de V_F. Diz-se que o conjunto dominante T_F é mínimo se nenhum subconjunto adequado de T_F for um conjunto dominante.

Definição 1.1.7. Diz-se que um arco $(a_1 - a_2)$ é um arco forte se o seu valor de grau de associação de arestas for igual à força de ligação entre u e v.

5

Definição 1.1.8. Seja $e = (a_1, a_2)$ uma aresta de um grafo fuzzy. Dizemos que a_1 domina a_2 se existir um arco forte entre eles.

Definição 1.1.9. Seja H_G (V_G, E_G) um grafo finito simples e conexo de ordem m com o conjunto de vértices V_G e o conjunto de arestas E_G. Um conjunto dominante $S_{ds} \subseteq V_G(G)$ é designado por conjunto dominante eficiente se, para cada vértice $u_a \in V_G, \left| N_G[u_a] \cap S_{ds} \right| = 1.$ em que N_G $[u_a]$ denota a vizinhança fechada do vértice u_a.

Definição 1.1.10. Diz-se que um conjunto dominante T_F de V_F é um conjunto dominante eficiente de um grafo difuso se $\left| T_F \cap N[v_F] \right| = 1$ para cada vértice v_F em V_F - T_F, em que $N[v_F]$ representa a vizinhança fechada de v_F. Diz-se que o conjunto dominante T_F é um conjunto dominante eficiente mínimo se nenhum subconjunto próprio de T_F for um dominante eficiente.

1.2 PESQUISA BIBLIOGRÁFICA SOBRE CIFRAGEM E DECIFRAGEM EM GRAFOS

Uma rede de grafos é um grupo de pessoas (um conjunto de nós) que interagem entre si para desenvolver as suas competências profissionais ou contactos sociais, partilhando os seus conhecimentos e informações (uma ligação é uma relação que representa a partilha de informações). A ligação transmite uma boa relação entre eles para os ajudar a desenvolver as suas competências empresariais e desempenha um papel vital quando se inicia um novo negócio. A etiquetagem é uma ferramenta para contar as pessoas (nós) e as relações (ligações) que existem entre dois membros. Ajuda a identificar o conjunto de indivíduos significativos que desempenham um papel vital numa determinada rede.

Embora a política seja muito esclarecedora e informativa, consideramos que esta abordagem tradicional precisa de ser complementada com conhecimentos matemáticos básicos e um enquadramento que mostre a criptologia como parte integrante da técnica computacional. Por outro lado, algo que tem vindo a ser feito e conseguido nas últimas décadas é que, embora este estudo se enquadre no tema da criptologia, encontramos ocasionalmente propósitos estenográficos para além dos criptográficos, como se pode ver nas partes tradicionais.

O cientista iraniano Lotfi A. Zadeh[26] desenvolveu o quadro matemático conhecido como teoria dos conjuntos difusos em 1965, como forma de abordar a ambiguidade e a incerteza dos dados e da informação. Matemáticos como George Cantor criaram a teoria tradicional dos conjuntos, que trabalha com conjuntos clássicos, em que um membro pertence ou não a um conjunto. Mas muitas noções do mundo real não são definidas com exatidão nem são binárias. Para ultrapassar este problema, a teoria dos conjuntos difusos permite que os objectos tenham vários graus de pertença a um conjunto, por oposição a uma pertença estrita de sim ou não. Isto ilustra a noção de que os objectos podem, em certa medida ou grau, pertencer a um conjunto.

O sistema de criptografia RSA (Rivest-Shamir-Adleman) é um dos algoritmos de criptografia de chave pública mais utilizados. Foi introduzido em 1977 por Ron Rivest, Adi Shamir e Leonard Adleman e tem o nome das suas iniciais. O sistema de criptografia RSA baseia-se nas propriedades matemáticas dos números primos grandes e na sua dificuldade de factorização. Envolve a utilização de um par de chaves matematicamente relacionadas: uma chave pública e uma chave privada. A chave privada é necessária para a desencriptação; a chave pública é utilizada para a encriptação. A dificuldade de faturar o produto de dois números primos enormes, que servem de base às chaves, é a base da segurança do RSA. O criptossistema RSA tem sido um algoritmo de encriptação bem estudado e amplamente utilizado durante várias décadas. Os investigadores realizaram estudos exaustivos sobre vários aspectos da criptografia RSA, centrando-se na sua segurança, eficiência e potenciais vulnerabilidades [52-58].

Pius et.al. propuseram uma versão melhorada do RSA para aumentar ainda mais a segurança das transacções em linha. A caraterística de segurança, neste caso, é a substituição do número n no algoritmo RSA original pelo novo número f. Propõe modificações ao algoritmo RSA original para eliminar a necessidade de transferir o produto de dois números primos aleatórios na chave pública, dificultando aos intrusos a adivinhação dos factores de "n" e assegurando que a mensagem cifrada permanece a salvo dos atacantes. O algoritmo proposto segue a técnica de criptografia de chave assimétrica, o que aumenta ainda mais a segurança do sistema. O documento apresenta também uma análise comparativa do algoritmo proposto com o algoritmo RSA tradicional, salientando as melhorias de segurança alcançadas pela versão melhorada. (44-51).

Henry Rowland efectuou a factorização de números inteiros e testes de primalidade para estabelecer a utilização de criptossistemas RSA para a segurança de dados. Foi determinado que o estudo continuado de métodos de factorização de números inteiros, como o algoritmo de factorização de Shor, e os avanços tecnológicos, em particular a computação quântica, poderiam representar um perigo significativo para a segurança do criptossistema RSA.

Ivy et.al. apresentaram um novo método que acelera as operações de geração e decifração de chaves, utilizando três números inteiros primos e o Teorema do Lembrete Chinês (CRT) para o criptossistema RSA. O algoritmo RSA é mais sofisticado e seguro em resultado da alteração que utiliza três números primos em vez de dois. Os passos do algoritmo RSA incluem a encriptação da mensagem, a desencriptação da mensagem e a geração da chave. Ao utilizar três números inteiros primos em vez de dois, a técnica sugerida procura minimizar o tempo necessário para a geração de chaves e aumentar a complexidade da análise da variável "N".

Ivy et.al.[48] propuseram um sistema de criptografia RSA modificado baseado em "n" números primos para garantir a máxima segurança dos dados na rede. Esta técnica envolve a encriptação, a desencriptação e a geração de chaves utilizando 'n' números primos que não são facilmente quebráveis ou decompostos. O algoritmo do sistema de criptografia RSA modificado lida com "n" números primos e tem por objetivo aumentar a segurança e a eficiência das redes.

O domínio desempenha um papel vital na tomada de decisões, no controlo, na minimização do custo da rede, etc. Seja "O" o conjunto de membros de controlo (um conjunto de nós) da rede em causa. Todos os membros da rede em causa, com exceção dos membros de controlo, devem ser vizinhos de pelo menos um membro de controlo da rede em causa. O número mínimo de membros de controlo desta rede é o número de domínio da rede em causa. Todos os membros da rede em causa, com exceção dos membros de controlo, devem ser vizinhos de exatamente um membro de controlo da rede em causa. O número mínimo de membros de controlo desta rede é o número de domínio eficiente da rede em causa.

O estudo matemático de conjuntos dominantes em grafos começou por volta de 1960, mas o tema tem raízes históricas que remontam a 1862, quando De Jaeniseh estudou o problema de determinar o número mínimo de rainhas necessárias para cobrir (ou dominar) um tabuleiro de xadrez $n \times$ n. Em 1958, Claude Berge escreveu um livro sobre a teoria dos grafos, no qual definiu pela primeira vez o conceito de número de dominação de um grafo, embora chamasse a este número o "coeficiente de estabilidade externa". Em 1962, Oystem Ore publicou o seu livro sobre a teoria dos grafos, no qual utilizou, pela primeira vez, as designações "conjunto dominante" e "número dominante", embora tenha utilizado a notação $d(G)$ para o número de dominação de um grafo. Cockayne & Hedetniemi publicaram um levantamento dos poucos resultados conhecidos na altura sobre conjuntos dominantes em grafos. Foram os primeiros a utilizar a notação $\gamma(G)$ para o número de domínio de um grafo, que posteriormente se tornou a notação aceite.

A ideia de grafos difusos e vários análogos difusos das ideias da teoria dos grafos com conetividade foram apresentados pela primeira vez por Rosenfeld et al. [21]. J. Bondy e U.S.R Murthy [3] apresentam uma introdução à teoria dos grafos e às suas aplicações. Os estudos de dominação emparelhada foram iniciados por Teresa W Haynes e Slater P J [25]. Biggs [2], V.R. Kulli e B. Janakiram [7] foram os primeiros a investigar a dominação dividida em grafos, e V.R. Kulli [8] escreveu a teoria da dominação em grafos. O número de dominação independente foi usado pela primeira vez em grafos por Cockayne e S.T. Hedetniemi [4]. A dominação equitativa foi introduzida por Swaminathan e Dharmalingam [23]. A dominação equitativa emparelhada foi introduzida e estudada por A. Meenakshi e J.Baskar Baskar Babujee [13], e continuou no grafo inflacionado e no seu complemento de um grafo [11,13]. Kwon et al [10] estudaram a classificação de conjuntos dominantes eficientes de grafos circulantes de grau 5.

Somasundram e V.T. Chandrasekaran [24] iniciaram os estudos de dominação e dominação total em grafos fuzzy. A. Nagoorgani e V.T. Chandrasekaran [18] instigaram a dominação em grafos fuzzy usando arcos fortes. A dominação em grafos fuzzy dirigidos foi proposta por Enrico Enriquez [5]. As relações fuzzy intuicionistas e os grafos fuzzy intuicionistas (IFGS) foram desenvolvidos por K.T. Atanassov [1]. O IFG foi definido por M.G. Karunambigai et. al[6], que é um caso especial do IFGS definido por A.Shannon e Atanassov em [22]. Os termos "ordem", "grau" e "tamanho" de IFG foram definidos por A. Nagoor Gani e Shajitha Begum[19]. A dominação dividida no grafo fuzzy intuicionista foi introduzida por A. Nagoor Gani e S. Anu priya [17]. A dominação por divisão em grafos neutrosóficos foi estudada por Mullai et al. [16]. A. Meenakshi e J. Baskar Babujee [12] estudaram a encriptação através de rotulagem utilizando uma dominação eficiente, tendo sido generalizada em [15]

A encriptação e a desencriptação são as técnicas utilizadas para identificar ou quebrar a chave secreta ou a informação secreta presente na rede.

CAPÍTULO 2

APLICAÇÕES DE UMA REDE FUZZY ÓPTIMA UTILIZANDO UMA DOMINAÇÃO EFICIENTE

Este capítulo é composto por quatro secções. Em primeiro lugar, o conceito de Rede Forte Difusa (FSN) é construído a partir da sub-rede FSN e é introduzido e estudado o valor de associação difusa. Na segunda secção, é gerada a chave secreta. Na terceira secção, os algoritmos de encriptação e de desencriptação são obtidos a partir da chave secreta. Finalmente, é feita uma ilustração para encontrar o número secreto utilizando uma dominação eficiente.

2.1 Dominação eficiente em grafos difusos

A Rede Fuzzy (FN) é definida como um grupo de pessoas da mesma categoria (um conjunto de nós) que interagem entre si e trabalham em conjunto (a ligação é uma relação que representa a partilha de trabalho ou de informações), de modo a que cada nó (pessoa) tenha um valor de grau de adesão. A relação (informação, partilha de conhecimentos, etc.) entre duas pessoas é representada por uma ligação. A ligação também tem um valor de grau de filiação.

Definição 2.1.1. Diz-se que uma rede é uma rede difusa se satisfaz $\mu_{V_F}(a_1, a_2) \leq \min\{\sigma_{V_F}(a_1), \sigma_{V_F}(a_2)\}$ para cada $a_1, a_2 \in V_F$.

Definição 2.1.2. Uma rede difusa é dita forte se satisfizer $\mu_{V_F}(a_1, a_2) = \min\{\sigma_{V_F}(a_1), \sigma_{V_F}(a_2)\}$ para cada $a_1, a_2 \in V_F$.

Definição 2.1.3. Diz-se que um conjunto dominante T_F de V_F é um conjunto dominante eficiente de um grafo difuso se $|T_F \cap N[v_F]| = 1$ para cada vértice v_F em

V_F - T_F, em que $N[v_F]$ representa a vizinhança fechada de v_F. Diz-se que o conjunto dominante T_F é dominante eficiente mínimo se nenhum subconjunto próprio de T_F for um dominante eficiente. A seguinte rede difusa FN é forte.

Exemplo:

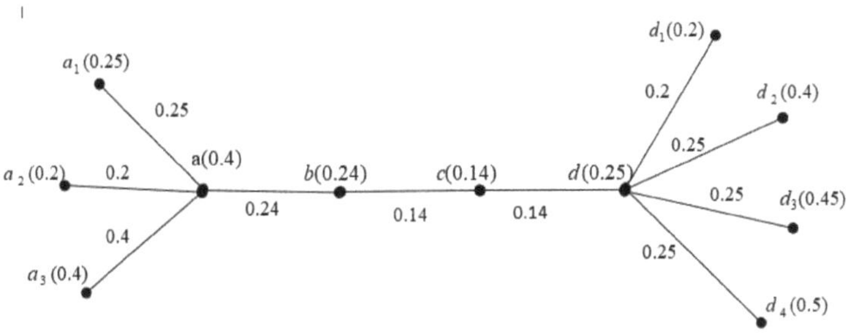

Figura 2.1 Rede fuzzy forte

Todas as arestas do grafo difuso da Figura 2.1 são fortes, o único conjunto dominante eficiente é $T_F = \{a,d\}$ uma vez que todos os vértices de V_F - T_F são dominados por exatamente um vértice e este conjunto dominante é único.

2.2 Construção da FSN a partir da sub FSN

O número secreto (valor numérico) a encriptar é um número inteiro positivo não nulo. Selecionar o valor numérico adequado $(N_uV_a \neq 0)$ (uma vez que temos de o dividir no módulo $r_m, r_m \neq 0$). Agora, $N\,V_{ua}$ é subdividido em "r" valores, nomeadamente , $N_uV_{a_1}$ $N_uV_{a_2}$,..., $N_uV_{a_r}$, de modo que $N_uV_{a_1} \equiv R_1 (\mathrm{mod}\, r_m)$ (onde $R_1 = 0$), $N_uV_{a_2} \equiv R_2 (\mathrm{mod}\, r_m)$ (onde $R_2 = 1$), $N_uV_{a_3} \equiv R_3 (\mathrm{mod}\, r_m)$ (onde $R_3 = 2$),..., $N_uV_{a_r} \equiv R_r (\mathrm{mod}\, r_m)$ (onde $R_r = r_m - 1$). Uma vez que temos 'r' valores de subdivisão, temos de enquadrar 'r' sub-rede e planeámos atribuir 'r' nós de dominação eficiente na rede construída. Os nós dominantes eficientes (EDN) são o_1 , o_2 , o_3 ,...,o_r . Estes nós são o centro das sub-redes FSN_1 , FSN_2 , FSN_3 ,..., FSN_r respetivamente. Os vizinhos de o_1 , o_2 , o_3 ,..., o_r são $o_{11}, o_{12},...,o_{1l_1}$; ; $o_{21},o_{22},...,o_{2l_2}$ $o_{31},o_{32},...,o_{3l_3}$,...., $o_{r1},o_{r2},...,o_{rl_r}$ respetivamente.

A primeira sub-rede FSN é a FSN_1 cujo centro é o_1 e os seus vizinhos são $o_{11},o_{12},...,o_{1l_1}$. $o_{11},o_{12},...,o_{1l_1}$. Primeiro valor de subdivisão $N_uV_{a_1} \equiv R_1 (\mathrm{mod}\, r_m)$. Definir $V_1 = \dfrac{N_uV_{a_1}}{r_m}$ e $D_1 = D_{v_1}/V_1$ (em que D_{v_1} é o valor numérico 1 seguido do número de dígitos 0 da parte integral de V_1) particionados na soma de l_1 valores, digamos $d_{11},d_{12},...d_{1l_1}$ respetivamente, e atribuir a estes valores o valor mínimo de o_1 ou $o_{11},o_{12},...,o_{1l_1}$, grau de valor de filiação de aresta.

A segunda sub-rede FSN é a FSN_2 cujo centro é o_2 e os seus vizinhos são $o_{21},o_{22},...,o_{2l_2}$. Primeiro valor de subdivisão $N_uV_{a_2} \equiv R_2 (\mathrm{mod}\, r_m)$. Definir $V_2 = \dfrac{N_uV_{a_{21}}}{r_m}$ e $D_2 = D_{v_2}/V_2$ (em que D_{v_2} é o valor numérico 1 seguido do número de dígitos 0 da parte integral de V_2) divididos na soma de l

valores de$_2$, ou seja, $d_{21}, d_{22}, ..., d_{2l_2}$, e atribuir a estes valores o valor mínimo do valor de membro do grau de verdade de o_2 ou $o_{21}, o_{22}, ..., o_{2l_2}$. Repetir o processo até obter a sub-rede FSN_r

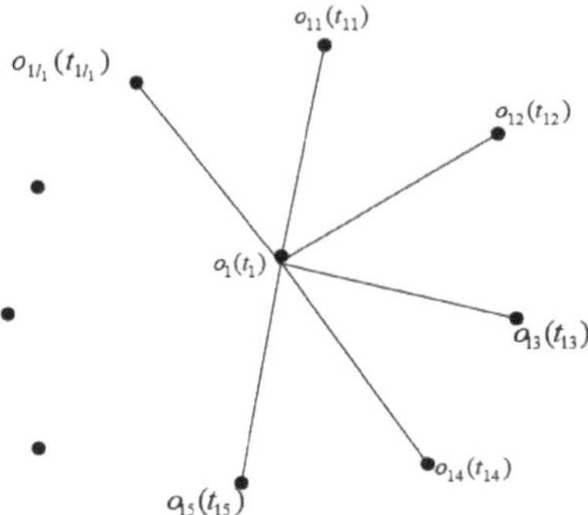

Figura 2.2 Construção da FSN a partir da sub FSN

Pela definição de *FSN*, os valores do grau de filiação das arestas $o_1 o_{11}, o_1 o_{12}, ..., o_1 o_{1l_1}$ são $\min\{o_1(t_1), o_{11}(t_{11})\}$, $\min\{o_1(t_1), o_{12}(t_{12})\}$,..., min { $o_1(t_1), o_{1l_1}(t_{1l_1})\}$ respetivamente.

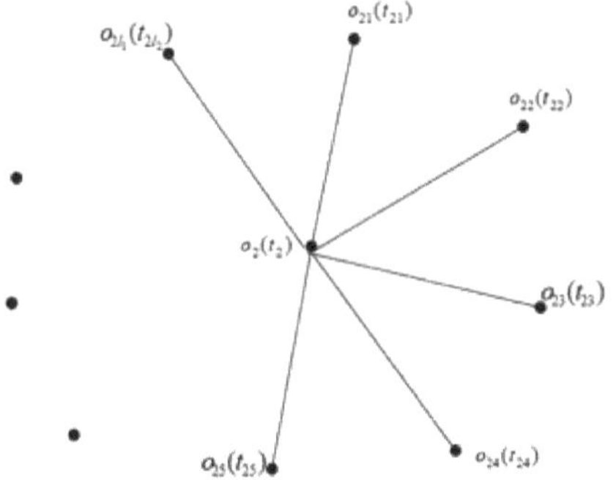

Figura 2.3 *FSN* Sub-rede-2

Pela definição de *FSN*, os valores de grau de associação das arestas $o_2 o_{21}, o_2 o_{22}, ..., o_2 o_{2l_2}$ são $\min\{o_2(t_2), o_{21}(t_{21})\}$, $\min\{o_2(t_2), o_{22}(t_{22})\}$,..., $\min\{o_2(t_2), o_{2l_1}(t_{2l_2})\}$ respetivamente. Repetir o processo até obter a sub-rede *FSN*$_r$ e, de acordo com a definição de *FSN*, os restantes valores de grau de associação das arestas serão definidos.

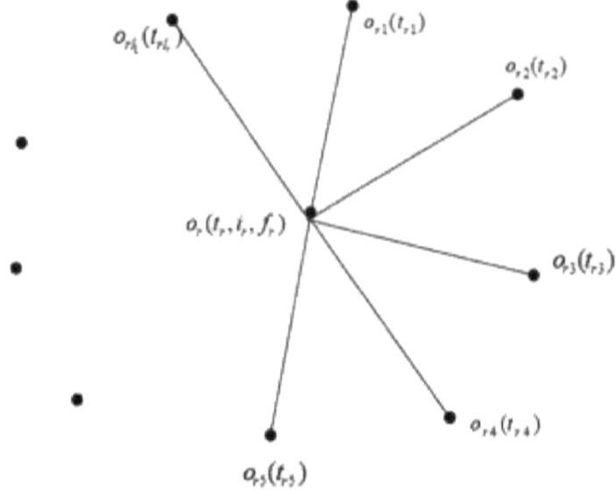

Figura 2.4 *FSN* -r a Sub-rede

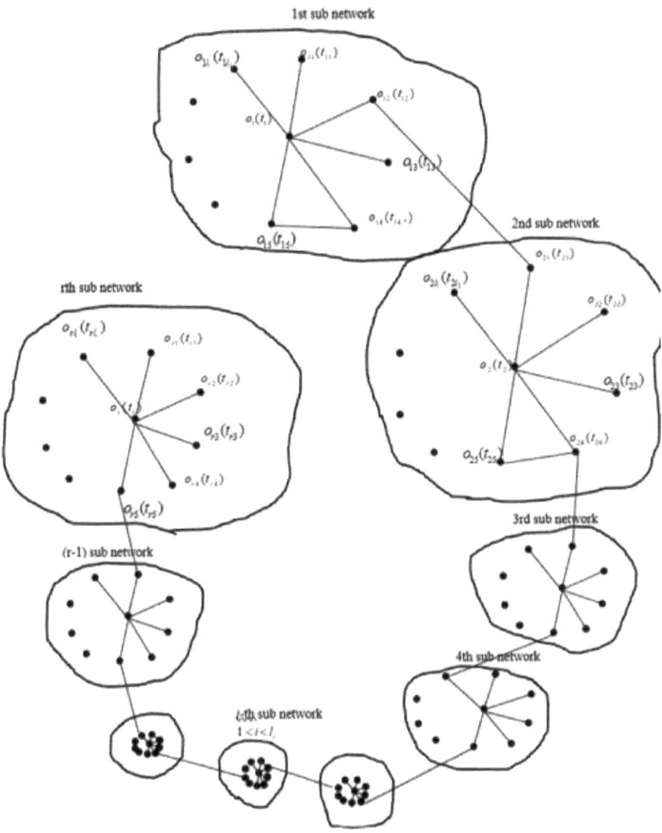

Figura 2.5 Rede *FSN* encriptada com arestas mínimas

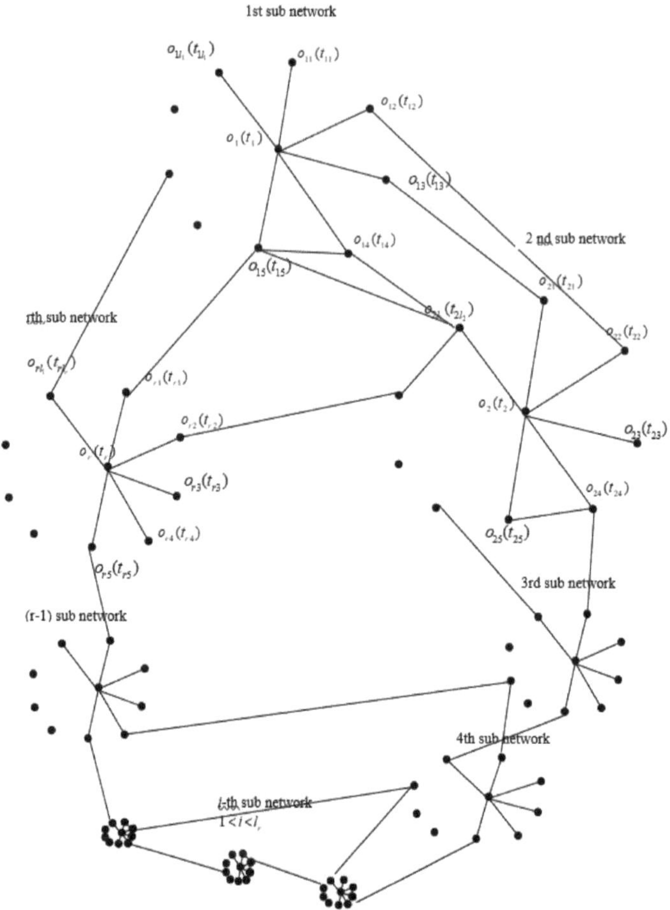

Figura 2.6 Rede *FSN* encriptada com arestas moderadas

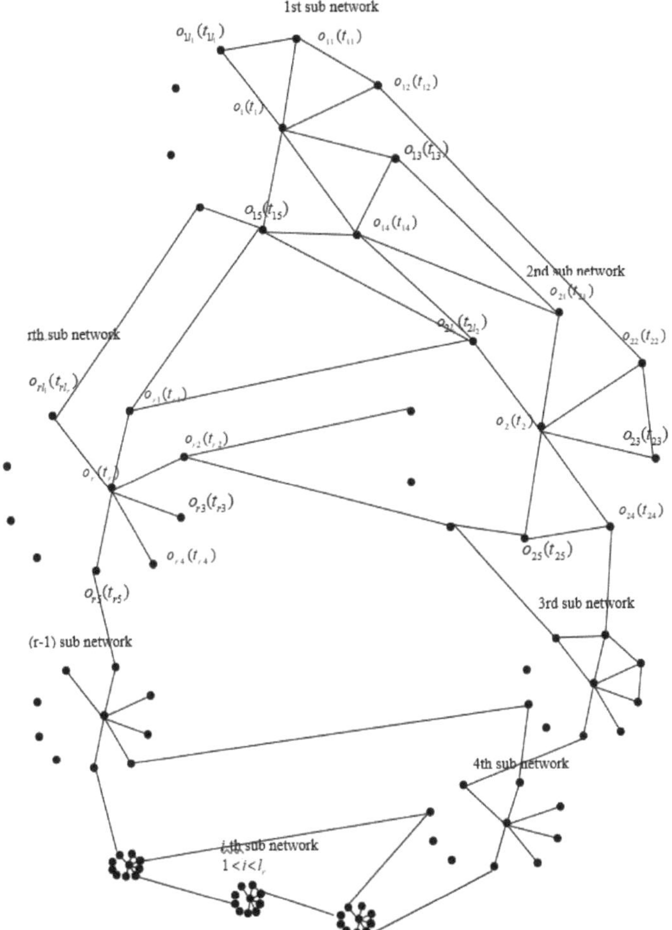

Figura 2.7 Rede *FSN* encriptada com mais do que moderadas arestas

Pela definição de *FSN*, os valores do grau de filiação das arestas $o_r o_{r1}, o_r o_{r2}, ..., o_r o_{rl_r}$ são $\min\{o_r(t_r), o_{r1}(t_{r1})\}$, $\min\{o_r(t_r), o_{r2}(t_{r2})\}$,...,$\min\{o_r(t_r), o_{rl_r}(t_{rl_r})\}$ respetivamente.

2.3 Chave secreta

A chave para quebrar a *FSN* encriptada é o conjunto dominante eficiente da rede encriptada *FSN*. Quando encontrarmos o conjunto dominante eficiente desta rede *FSN*, podemos decifrá-la.

2.4 Algoritmo de encriptação

Introduzir: $N_uV_a \geq r_m, r_m \neq 0$ é o número secreto

Saída: Rede *FSN* encriptada

Começar

Passo 1: Subdividir o número secreto N_uV_a em "r" valores , $N_uV_{a_1}$ $N_uV_{a_2}$,..., $N_uV_{a_r}$ de modo a que $N_uV_{a_1} \equiv R_1 \pmod{r_m}$ (em que $R_1 = 0$), $N_uV_{a_2} \equiv R_2 \pmod{r_m}$ (em que $R_2 = 1$), $N_uV_{a_3} \equiv R_3 \pmod{r_m}$ (em que $R_3 = 2$) ,..., $N_uV_{a_r} \equiv R_r \pmod{r_m}$ (em que $R_r = r_m - 1$)

Etapa 2: Enquadrar $'r'$ sub-redes e planear a atribuição de $'r'$ nós dominantes eficientes na rede construída. Os nós dominantes eficientes (EDN) são o_1 , o_2 , o_3 ,...,o_r . Estes nós são os centros das sub-redes FSN_1 , FSN_2 , FSN_3 ,..., FSN_r respetivamente. Os vizinhos de o_1 , o_2 , o_3 ,..., o_r são $o_{11}, o_{12},..., o_{1l_1}$; ; $o_{21}, o_{22},..., o_{2l_2}$ $o_{31}, o_{32},..., o_{3l_3}$,...., $o_{r1}, o_{r2},..., o_{rl_r}$ respetivamente. (escolher convenientemente o número de vértices vizinhos l_1 , l_2,...,l_r de o_1 , o_2 , o_3 ,...., o_r respetivamente onde l_1 , l_2,...,$l_r \geq 1$)

Passo 3: O número de nós presentes na rede *FSN* é $r + l_1 + l_2 + ... + l_r$.

Definir Min E (o número mínimo de arestas presentes na rede construída é denotado por Min E) $= \{o_1 o_{1j_1}, o_2 o_{2j_2}, ..., o_r o_{rj_r} / 1 \leq j_1 \leq l_1, 1 \leq j_2 \leq l_2, ..., 1 \leq j_r \leq l_r\}$ $\cup \{o_{1j_1} o_{2j_2}, o_{2j_2} o_{3j_3}, ..., o_{(r-1)j_{r-1}} o_{rj_r}\}$ para apenas um $j_1, j_2, ..., j_r$ em que $1 \leq j_1 \leq l_1, 1 \leq j_2 \leq l_2, ..., 1 \leq j_r \leq l_r$.

Por conseguinte, o número mínimo de arestas presentes na rede é $(r-1) + l_1 + l_2 + ... + l_r$

Etapa 4: Definir (o número máximo de arestas presentes na rede construída é indicado por Max E) Max E
$$= \{(a,b); 1 \le a, b \le l_1 + l_2 + ... + l_r + r; a \ne b\}$$

$$- \begin{cases} o_1 o_{k_1} \ where \ 2 \le k_1 \le r, \ o_2 o_{k_2} \ where \ 3 \le k_2 \le r, \ o_3 o_{k_3} \ where \ 4 \le k_3 \le r,..., o_{r-1} o_r, \\ o_1 o_{2 j_2}, o_1 o_{3 j_3} ...., o_1 o_{r j_r}; o_2 o_{3 j_3}, o_2 o_{4 j_4},... o_2 o_{r j_r}; o_3 o_{4 j_4}, o_3 o_{5 j_5},... o_3 o_{r j_r};...; o_{r-1} o_{r j_r} \\ where \ 1 \le j_2 \le l_2, 1 \le j_3 \le l_3 ..., 1 \le j_r \le l_r. \end{cases}$$

Passo 5: Definir , , $V_1 = \dfrac{N_u V_{a_1}}{r_m}$ $V_2 = \dfrac{N_u V_{a_2}}{r_m}$ $V_2 = \dfrac{N_u V_{a_3}}{r_m}$ $,..., V_r = \dfrac{N_u V_{a_r}}{r_m}$

$D_1 = D_{v_1} / V_1$ (em que D_{v_1} - o valor numérico 1 seguido do número de 0's da parte integral de $V)_1$ $D_2 = D_{v_2} / V_2$ (em que D_{v_2} - o valor numérico 1 seguido do número de 0's da parte integral de $V)_2$, ..., $D_r = D_{v_r} / V_r$

(em que D_{v_r} - o valor numérico 1 seguido do número de dígitos 0 da parte integral de $V)_r$

Passo 6: Dividir ; $D_1 = d_{11} + d_{12} + ... + d_{1 l_1}$ $D_2 = d_{21} + d_{22} + ... + d_{2 l_2}$;....; ;
$D_r = d_{r1} + d_{r2} + ... + d_{r l_r}$

Atribuir , min $\{o_1(t_1), o_{11}(t_{11})\} = d_{11}$ min $\{o_1(t_1), o_{12}(t_{12})\} = d_{12}$,...,
min $\{o_1(t_1), o_{1 l_1}(t_{1 l_1})\} = d_{1 l_1}$ na primeira sub-rede.

Atribuir , min $\{o_2(t_1), o_{21}(t_{21})\} = d_{21}$ min $\{o_2(t_1), o_{22}(t_{22})\} = d_{22}$,...,
min $\{o_2(t_1), o_{2 l_2}(t_{2 l_2})\} = d_{2 l_2}$ na segunda sub-rede, continuando o processo até atribuir

min $\{o_r(t_1), o_{r1}(t_{r1})\} = d_{r1}$, min $\{o_r(t_1), o_{r2}(t_{r2})\} = d_{r2}$,...., ,
min $\{o_r(t_1), o_{r l_r}(t_{r l_r})\} = d_{r l_r}$

na r-ésima sub-rede.

Passo 7: O resto dos valores de filiação da aresta serão seguidos pela definição da *FSN*

fim

2.5 Algoritmo de desencriptação

Entrada: *FSN* encriptada

Saída: N_uV_a, o número secreto

Começar

Passo 1: Encontrar os membros dominantes eficientes da *FSN* o_1 , o_2 , o_3 ,..., o_r de modo a que $N_e[o_1] \cap N_e[o_2] \cap ... N_e[o_r] = \phi$ e $N_e[o_i]$ representem os vizinhos do vértice o_i

Passo 2: $V_1 = D_{v_1}\left(\sum_{j_1=1}^{l_1} d_{1j_1}\right)$

$$V_2 = D_{v_2}\left(\sum_{j_2=1}^{l_2} d_{1j_2}\right), ..., V_r = D_{v_r}\left(\sum_{j_r=1}^{l_r} d_{1j_r}\right)$$

Passo 3: $N_uV_a = r_m\left(\sum_{i=1}^{r} V_i\right)$

Fim

2.6 ILUSTRAÇÃO

O número secreto é $N_uV_a = 10810$

2.6.1 Construção da *FSN* a partir da sub *FSN*

O valor numérico adequado N_uV_a . temos de dividir este N_uV_a no módulo r_m = 5. Agora N_uV_a é subdividido em '5' valores, digamos , , , $N_uV_{a_1}$ $N_uV_{a_2}$ $N_uV_{a_3}$ $N_uV_{a_4}$ $N_uV_{a_5}$,de modo que $N_uV_{a_1} = 3000 \equiv 0(\text{mod } r_m)$ (onde R_1 = 0), $N_uV_{a_2} = 3001 \equiv 1(\text{mod } r_m)$ (onde $R_2 = 1$), $N_uV_{a_3} = 1502 \equiv 2(\text{mod } r_m)$ (onde R_3 = 2), $N_uV_{a_4} = 1503 \equiv 3(\text{mod } r_m)$. (onde $R_3 = 3$) $N_uV_{a_5} = 1804 \equiv 4(\text{mod } r_m)$ (onde R_4

= 4). Como temos '5' valores de subdivisão, temos de enquadrar 5 sub-redes e planeámos atribuir '5' nós de dominação eficiente na rede construída. Sejam os nós dominantes eficientes (EDN) o_1 , o_2 , o_3 , o_4 , o_5 . Estes nós são o centro das sub-redes FSN_1 , FSN_2 , FSN_3, FSN_4 , FSN_5 . respetivamente. Que os vizinhos de o_1 , o_2 , o_3 , o_4 , o_5 sejam

$o_{11},o_{12},o_{13},o_{14},o_{15},o_{16}$; $o_{21},o_{22},o_{23},o_{24}$;   ;   ; $o_{31},o_{32},o_{33},o_{34}$ $o_{41},o_{42},o_{43},o_{44}$

$o_{51},o_{52},o_{53},o_{54},o_{55},o_{56}$ respetivamente.

A primeira sub-rede é a FSN_1 cujo centro é o_1 e os seus vizinhos são $o_{11},o_{12},o_{13},o_{14},o_{15},o_{16}$.   Primeiro   valor   de   subdivisão

$N_u V_{a_1} = 3000 \equiv 0(\text{mod } r_m)$.   O   conjunto $V_1 = \dfrac{N_u V_{a_1}}{r_m} = \dfrac{3000}{5} = 600 \; and$

$D_1 = D_{v_1} / V_1 = 1000 / 600 = 0.600$ (em que D_{v_1} é o valor numérico 1 seguido do número de dígitos 0 da parte integral de V_1) é particionado numa soma de 6 valores, ou seja, $d_{11}, d_{12},...d_{1_6}$ e estes valores são o valor mínimo de o_1 ou $o_{11},o_{12},o_{13},o_{14},o_{15},o_{16}$

A segunda sub-rede é a FSN_2 cujo centro é o_2 e os seus vizinhos são $o_{21},o_{22},o_{23},o_{24},o_{25}.o_{26}$. Valor da segunda subdivisão $N_u V_{a_2} = 3001 \equiv 1(\text{mod } r_m)$.

O conjunto $V_2 = \dfrac{N_u V_{a_2}}{r_m} = \dfrac{3001}{5} = 600.2 \; and \;\; D_2 = D_{v_2} / V_2 = 1000 / 600.2 = 0.6002$

(em que D_{v_2} é o valor numérico 1 seguido do número de 0's da parte integral de V_2) é dividido numa soma de 6 valores, ou seja, $d_{21},d_{22},...d_{26}$, e estes valores são o valor mínimo de $_2$ ou $o_{21},o_{22},....,o_{26}$ do valor do grau de associação verdadeiro.

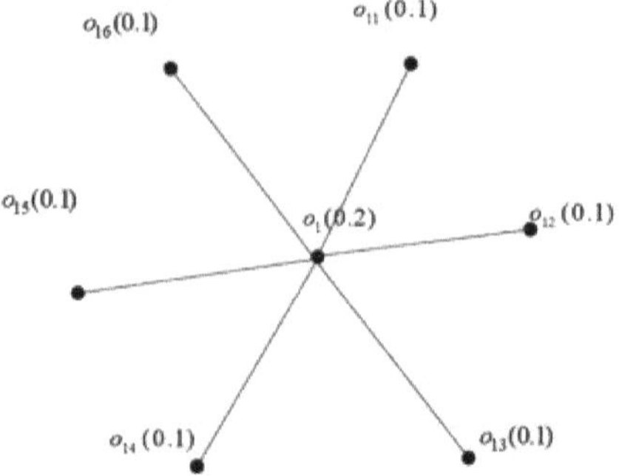

Figura 2.8 Ilustração da Sub-rede-1 *da FSN*

Pela definição de *FSN*, os valores do grau de filiação das arestas são $\min\{o_1, o_{11}\}$,$\min\{o_1, o_{12}\}$,...,$\min\{o_1, o_{16}\}$ respetivamente.

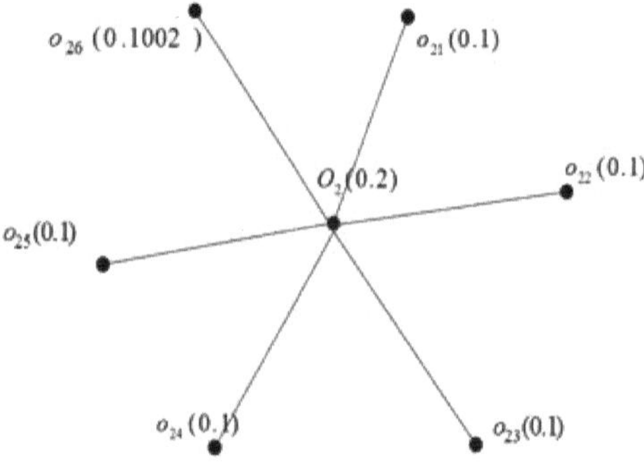

Figura 2.9 Ilustração *da* Sub-rede-2 *da FSN*

Pela definição de *FSN*, os valores do grau de filiação das arestas $o_2 o_{21}, o_2 o_{22},...,o_2 o_{2l_2}$ são $\min\{o_2, o_{21}\}$, $\min\{o_2, o_{22}\}$,..., $\min\{o_2, o_{26}\}$ respetivamente.

A terceira sub-rede é a FSN_3 cujo centro é o_3 e os seus vizinhos são $o_{31}, o_{32}, o_{33}, o_{34}, o_{35}$. Valor da terceira subdivisão $N_u V_{a_3} = 1502 \equiv 2 (\text{mod } r_m)$. Os conjuntos $V_3 = \dfrac{N_u V_{a_3}}{r_m} = \dfrac{1502}{5} = 300.4$ e $D_3 = D_{v_3} / V_3 = 1000 / 300.4 = 0.3004$ (em que D_{v_3} é o valor numérico 1 seguido do número de 0 da parte integrante de V_3) são divididos numa soma de 5 valores, ou seja, $d_{31}, d_{32}, ... d_{35}$, e estes valores são o valor mínimo do valor de filiação do grau$_3$ ou $o_{31}, o_{32}, o_{33}, o_{34}, o_{35}$. Construir a sub-rede-3 da FSN_3 , semelhante à figura 2.9

A quarta sub-rede é a FSN_4 , cujo centro é o_4 e os seus vizinhos são $o_{41}, o_{42}, o_{43}, o_{44}, o_{45}$.   O   valor   da   quarta   subdivisão   é $N_u V_{a_4} = 1503 \equiv 3 (\text{mod } r_m)$.   Os   conjuntos $V_4 = \dfrac{N_u V_{a_4}}{r_m} = \dfrac{1503}{5} = 300.6$ e

$D_4 = D_{v_4} / V_4 = 1000 / 300.6 = 0.3006$ (em que D_{v_4} é o valor numérico 1 seguido do número de 0's da parte integrante de V_4) são divididos numa soma de 5 valores, ou seja, $d_{41}, d_{42}, ... d_{45}$, e estes valores são o valor mínimo de o_4 ou de $o_{41}, o_{42}, o_{43}, o_{44}, o_{45}$ valor de grau de verdade. Construir a sub-rede FSN_4 - 4, semelhante à figura 2.9

A quinta sub-rede é a FSN_5 cujo centro é o_5 e os seus vizinhos são $o_{51}, o_{52}, o_{53}, o_{54}, o_{55}, o_{56}$. Valor da quinta subdivisão $N_u V_{a_5} = 1804 \equiv 4 (\text{mod } r_m)$. Os conjuntos $V_5 = \dfrac{N_u V_{a_5}}{r_m} = \dfrac{1804}{5} = 360.8$ e $D_5 = D_{v_5} / V_5 = 1000 / 360.8 = 0.3608$ (em que D_{v_5} é o valor numérico 1 seguido do número de 0 da parte integrante de V_5) são divididos numa soma de 6 valores, ou seja, $d_{41}, d_{42}, ... d_{45}$, e estes valores são o valor mínimo de o_5 ou

$o_{51}, o_{52}, o_{53}, o_{54}, o_{55}, o_{56}$, o valor de adesão ao grau de verdade. Construir a sub-rede FSN_5 - 5, semelhante à figura 2.9. A partir de todas as sub-rede fortes difusas, construir a rede forte difusa que é apresentada na Figura 2.10.

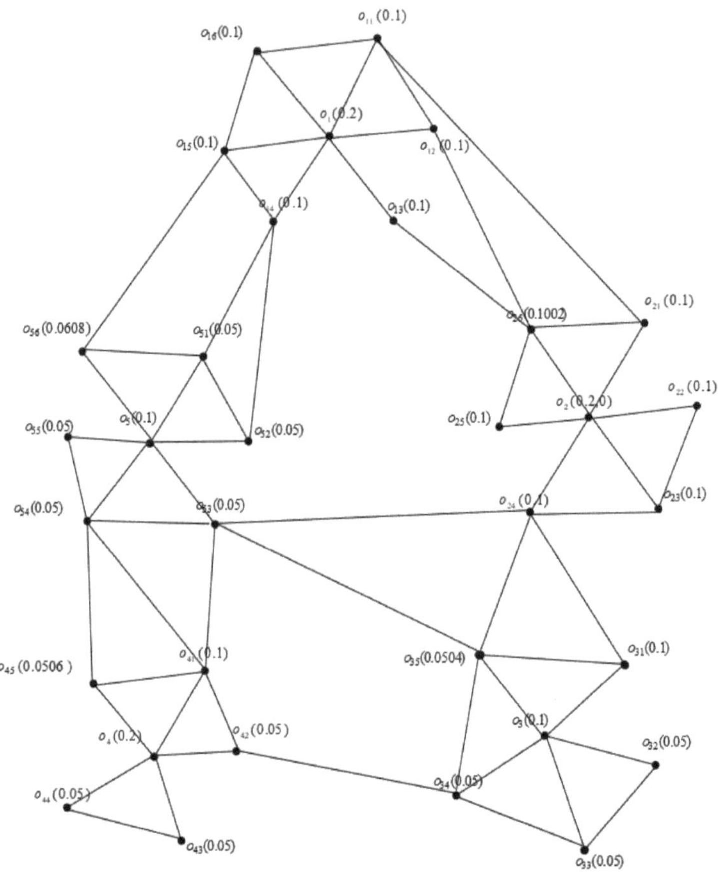

Figura 2.10 Ilustração *FSN* encriptada com o número secreto -10810

2.6.2 Chave secreta: A chave para decifrar a *FSN* encriptada é o conjunto dominante eficiente da rede encriptada *da FSN* que é mostrada na Fig. 10. Quando encontrarmos o conjunto dominante eficiente desta rede, podemos decifrá-la. Os membros dominantes eficientes desta *FSN* são o_1, o_2, o_3, o_4, e o_5.

2.6.3 Algoritmo de encriptação:

Entrada: $N_u V_a = 10810$ é o número secreto

Saída: Rede *FSN* encriptada

Começar

Passo 1: Subdividir o número secreto $N_u V_a$ em "5" valores , , , $N_u V_{a_1}$ $N_u V_{a_2}$ $N_u V_{a_3}$ $N_u V_{a_4}$ $N_u V_{a_5}$,de modo a que , , $N_u V_{a_1} = 3000 \equiv 0 \,(\text{mod } r_m)$

$N_u V_{a_2} = 3001 \equiv 1 \,(mod\, r_m)$ $N_u V_{a_3} = 1502 \equiv 2 \,(\text{mod } r_m)$ $N_u V_{a_4} = 1503 \equiv 3 \,(\text{mod } r_m)$,e

$N_u V_{a_5} = 1804 \equiv 4 \,(\text{mod } r_m)$.

Etapa 2: Enquadrar '5′ sub-redes e planear a atribuição de '5' nós dominantes eficientes na rede construída. Os nós dominantes eficientes (EDN) são o_1, o_2, o_3, o_4, e o_5. Estes nós são os centros das sub-redes FSN_1, FSN_2, FSN_3, FSN_4, FSN_5 respetivamente. Os vizinhos de o_1, o_2, o_3, o_4, e o_5 são $o_{11}, o_{12}, o_{13}, o_{14}, o_{15}, o_{16}$; $o_{21}, o_{22}, o_{23}, o_{24}, o_{25}, o_{26}$; ; ; $o_{31}, o_{32}, o_{33}, o_{34}$ $o_{41}, o_{42}, o_{43}, o_{44}$ $o_{51}, o_{52}, o_{53}, o_{54}, o_{55}, o_{56}$ respetivamente.

Passo 3: O número de nós presentes na rede *FSN* é 33.

O número mínimo de arestas presentes na rede construída é denotado por

$$\text{Min } E = \left\{ o_1 o_{1 j_1}, o_2 o_{2 j_2}, ..., o_5 o_{5 j_5} \,/\, 1 \leq j_1 \leq 6, 1 \leq j_2 \leq 6, 1 \leq j_3 \leq 5, 1 \leq j_4 \leq 5, 1 \leq j_5 \leq 6 \right\}$$

$\cup \{ o_{1 j_1} o_{2 j_2}, o_{2 j_2} o_{3 j_3}, o_{4 j_4} o_{5 j_5} \}$ para apenas um $j_1, j_2, ..., j_5$ em que

$1 \leq j_1 \leq 6, 1 \leq j_2 \leq 6, 1 \leq j_3 \leq 5, 1 \leq j_4 \leq 5, 1 \leq j_5 \leq 6$

Assim, o número mínimo de arestas presentes na rede é 32

Passo 4: O número máximo de arestas presentes na rede construída é indicado por Max E $= \{(a,b); 1 \leq a,b \leq 33; a \neq b\}$

$$- \begin{cases} o_1 o_{k_1} \ \ where \ 2 \leq k_1 \leq 6, \ o_2 o_{k_2} \ where \ 3 \leq k_2 \leq 6, \ o_3 o_{k_3} \ where \ 4 \leq k_3 \leq 5, .o_4 o_5, \\ o_1 o_{2j_2}, o_1 o_{3j_3} \ ...., o_1 o_{5j_5} \ ; o_2 o_{3j3}, o_2 o_{4j4}, ... o_2 o_{5rj5}; o_3 o_{4j4}, o_3 o_{o5j5}; o_4 o_{5j5} \\ where \ 1 \leq j_2 \leq 6, 1 \leq j_3 \leq 5, 1 \leq j_4 \leq 5, 1 \leq j_5 \leq 6. \end{cases} ,$$

Etapa 5: $V_1 = \dfrac{N_u V_{a_1}}{r_m} = \dfrac{3000}{5}, \ V_2 = \dfrac{3001}{5}, \ V_3 = \dfrac{1502}{5}, \ V_4 = \dfrac{1503}{5}, \ V_5 = \dfrac{1804}{5}$

$D_1 = D_{v_1} / V_1 = 1000 / 600 = 0.600$; $D_1 = D_{v_1} / V_1$ (em que D_{v_1} - o valor numérico 1 seguido do número de dígitos 0 da parte integral de V_1). Os restantes valores de D_2, D_3, D_4, D_5 são calculados como D_1 .

$D_2 = 1000 / 600.2 = 0.6002$; $D_3 = 1000 / 300.4 = 0.3004$; $D_4 = 1000 / 300.6 = 0.3006$

Passo 6: Dividir $D_1 = d_{11} + d_{12} + d_{13} + d_{14} + d_{15}$ =

$0,1 + 0,1 + 0,1 + 0,1 + 0,1 + 0,1 + 0,1$;

$D_2 = d_{21} + d_{22} + d_{23} + d_{24} + d_{25} = 0.1 + 0.1 + 0.1 + 0.1 + 0.1 + 0.1002$:

$D_3 = d_{31} + d_{32} + d_{33} + d_{34} + d_{35} = 0.05 + 0.05 + 0.05 + 0.1 + 0.0504$

$D_4 = d_{41} + d_{42} + d_{43} + d_{44} + d_{45} = 0.05 + 0.05 + 0.05 + 0.1 + 0.0506$

$D_5 = d_{51} + d_{52} + d_{53} + d_{54} + d_{55} + d_{56} = 0.05 + 0.05 + 0.05 + 0.05 + 0.05 + 0.0608$

Atribuir , $\min \{o_1(t_1), o_{11}(t_{11})\} = d_{11}$ $\min \{o_1(t_1), o_{12}(t_{12})\} = d_{12}$,...,

$\min \{o_1(t_1), o_{16}(t_{16_1})\} = d_{16}$ na primeira sub-rede

Atribuir , $\min \{o_2(t_1), o_{21}(t_{21})\} = d_{21}$ $\min \{o_2(t_1), o_{22}(t_{22})\} = d_{22}$,...,

$\min \{o_2(t_1), o_{26}(t_{26})\} = d_{26}$ na segunda sub-rede, continuando o processo até atribuir

$\min \{o_5(t_1), o_{51}(t_{51})\} = d_{51}$, $\min \{o_5(t_1), o_{52}(t_{52})\} = d_{52}$,...., , $\min \{o_5(t_1), o_{56}(t_{56})\} = d_{56}$

na 5.ª sub-rede.

Passo 7: O resto dos valores de associação da aresta serão seguidos pela definição da *FSN*

fim

2.6.4 Algoritmo de desencriptação:

Entrada: *FSN* encriptada

Saída: $N_u V$, o número secreto

Começar

Passo 1: Encontrar os membros dominantes eficientes do *FSN* o_1, o_2, o_3, o_4, o_5 tais que

$$N_e[o_1] \cap N_e[o_2] \cap N_e[o_3] \cap N_e[o_4] \cap N_e[o_5] = \phi$$

Passo 2: $V_1 = D_{v_1}\left(\sum_{j_1=1}^{6} d_{1j_1}\right) = 1000(0.1 + 0.1 + 0.1 + 0.1 + 0.1 + 0.1) = 600$

$$V_2 = D_{v_2}\left(\sum_{j_2=1}^{6} d_{1j_2}\right) = 1000(0.6004) = 600.4\ , \qquad\qquad ,$$

$$V_3 = D_{v_3}\left(\sum_{j_2=1}^{5} d_{1j_2}\right) = 1000(0.3004) = 300.4 \quad V_4 = D_{v_4}\left(\sum_{j_2=1}^{5} d_{1j_2}\right) = 1000(0.3006) = 300.6$$

$$V_5 = D_{v_5}\left(\sum_{j_2=1}^{6} d_{1j_2}\right) = 1000(0.3608) = 360.8$$

Passo 3: $N_u V_a = r_m\left(\sum_{i=1}^{5} V_i\right) = 5(2162) = 10810$.

fim

CAPÍTULO-3

APLICAÇÃO DA REDE INTUICIONISTA COM DOMINAÇÃO EFICIENTE

Este capítulo é composto por quatro secções. Em primeiro lugar, o conceito de Rede Fuzzy Intuicionista (IFN) é construído a partir da sub-rede IFN e é introduzido e estudado o valor de associação. Na segunda secção, é gerada a chave secreta. Na terceira secção, os algoritmos de encriptação e de desencriptação são obtidos a partir da chave secreta. Finalmente, é feita uma ilustração para encontrar o número secreto utilizando uma dominação eficiente.

3.1 Dominação eficiente em grafos fuzzy intuicionistas

As relações fuzzy intuicionistas e os grafos fuzzy intuicionistas (IFG) foram desenvolvidos por K.T. Atanassov. Os IFG foram definidos por M.G. Karunambigai et. al. Os termos "ordem", "grau" e "tamanho" de IFG foram definidos por A. Nagoor Gani e Shajitha Begum. A dominação da divisão no grafo fuzzy intuicionista foi introduzida por A. Nagoor Gani e S. Anu Priya.

Definição 3.1.1 Um grafo difuso intuicionista (GN) é da forma $H_{IG} = (V_s, E_s)$ em que

    (i) $V_s = \{o_1, o_2, ..., o_n\}$ de tal modo que $T_{V_s} : V_s \to [0,1]$; e $F_{V_s} : V_s \to [0,1]$ denotam o grau do valor de membro verdadeiro e o grau do valor de membro falso, respetivamente, e $0 \le T_{V_s}(v_s) + F_{V_s}(v_s) \le 2$ para cada $v_s \in V$.

(ii) $E \subseteq V \times V$ where $T_{E_s} : V \times V \to [0,1]$; $F_{E_s} : V \times V \to [0,1]$ são   definidos

por   ; $T_{E_s} \{(a_i,a_j)\} \leq \min \{T_{V_s}(a_i),T_{V_s}(a_j)\}$

$F_{E_s}\{(a_i,a_j)\} \geq \max \{F_{V_s}(a_i),F_{V_s}(a_j)\}$ denotam o grau de valor de

membro verdadeiro e o grau de valor de membro falso da aresta

$(a_i,a_j) \in E_s$, respetivamente, em que

$0 \leq T_{E_s}\{(a_i,a_j)\} + F_{E_s}\{(a_i,a_j)\} \leq 2 \ \forall(a_i,a_j) \in E_s$.

Definição 3.1.2 Um grafo fuzzy intuicionista é dito forte se satisfizer o seguinte

$T_{E_s}\{(a_i,a_j)\} = \min \{T_{V_s}(a_i),T_{V_s}(a_j)\}$; $F_{E_s}\{(a_i,a_j)\} = \max \{F_{V_s}(a_i),F_{V_s}(a_j)\}$

$\forall(a_i,a_j) \in E_s$ and $a_i \& a_j \in V_s$. O seguinte grafo fuzzy intuicionista é forte.

Exemplo:

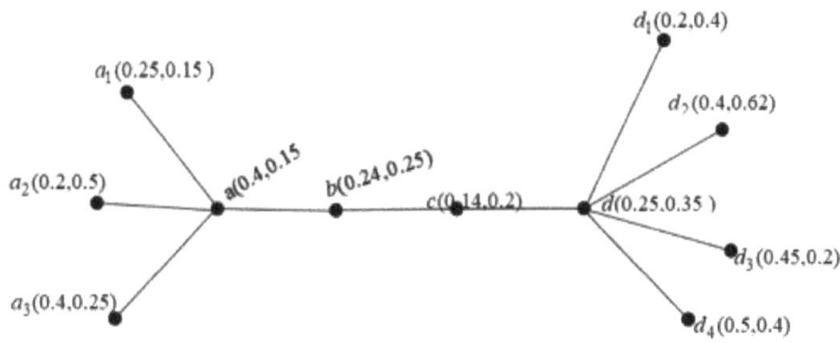

Figura 3.1 Dominação eficiente do grafo fuzzy intuicionista

Os valores dos graus de associação dos vértices e das arestas do grafo fuzzy intuicionista da Figura 3.1 são os seguintes

Valores de associação do grau do vértice	Valores de associação do grau da aresta
$a(0.4, 0.15)$	$ab(0.24,0.25)$
$b(0.24, 0.25)$	$bc(0.14,0.25)$
$c(0.14,0.2)$	$cd(0.14,0.35)$
$d(0.25,0.35)$	$aa_1 (0,25,0,15)$
$a_1 (0,25,0,15)$	$aa_2 (0,2,0,5)$
$a_2 (0,2,0,5)$	$cc_3 (0,4,0,25)$
$a_3 (0,4,0,25)$	$dd_1 (0,2,0,4)$
$d_1 (0,2,0,4)$	$dd_2 (0,25,0,62)$
$d_2 (0,4,0,62)$	$dd_3 (0,25,0,35)$
$d_3 (0,45,0,2)$	$dd_4 (0,25,0,4)$
$d_4 (0,5,0,4)$	

Todas as arestas do grafo fuzzy intuicionista da figura 3.1 são fortes, o único conjunto dominante eficiente é T = {a,d} uma vez que cada vértice em *V-T* é dominado por exatamente um vértice e este conjunto dominante é único.

3.2 Construção de IFN a partir de sub IFN

O número secreto (valor numérico) a encriptar é um número inteiro não nulo. Selecionar o valor numérico adequado $(NV \neq 0)$ (uma vez que temos de o dividir no módulo $r, r \neq 0$). Agora, NV é subdividido em "r" valores, por exemplo, NV_1 , NV_2 ,..., NV_r , de modo que $NV_1 \equiv R_1 (\mathrm{mod}\, r)$ (onde $R_1 = 0$), $NV_2 \equiv R_2 (\mathrm{mod}\, r)$ (onde $R_2 = 1$), $NV_3 \equiv R_3 (\mathrm{mod}\, r)$ (onde $R_3 = 2$),..., $NV_r \equiv R_r (\mathrm{mod}\, r)$ (onde $R_r = r-1$). Uma vez que temos 'r' valores de subdivisão, temos de enquadrar 'r' sub-rede e planeámos atribuir 'r' nós de dominação eficiente na rede construída. Os nós dominantes eficientes (EDN) são o_1 , o_2 , o_3 ,..., o_r . Estes nós são o centro das sub-redes SN_1 , SN_2 , SN_3 ,..., SN_r respetivamente. Que os vizinhos de o_1 , o_2 , o_3 ,..., o_r

sejam $o_{11}, o_{12}, \ldots, o_{1l_1}$; ; $o_{21}, o_{22}, \ldots, o_{2l_2}$ $o_{31}, o_{32}, \ldots, o_{3l_3}$ $, \ldots, o_{r1}, o_{r2}, \ldots, o_{rl_r}$ respetivamente.

A primeira sub-rede IFN é a SN_1 cujo centro é o_1 e os seus vizinhos são $o_{11}, o_{12}, \ldots, o_{1l_1}$. $o_{11}, o_{12}, \ldots, o_{1l_1}$ Primeiro valor de subdivisão $NV_1 \equiv R_1 (\bmod r)$. O conjunto $V_1 = \dfrac{NV_1}{r}$ and $D_1 = D_{v1}/V_1$ (em que D_{v1} é o valor numérico 1 seguido do número de dígitos 0 da parte integral de V_1) é particionado numa soma de l valores$_1$, ou seja, $d_{11}, d_{12}, \ldots d_{1_{l_1}}$, respetivamente, e estes valores são o valor mínimo de o_1 ou $o_{11}, o_{12}, \ldots, o_{1l_1}$, o valor do grau de associação verdadeiro.

A segunda sub-rede IFN é a SN_2 cujo centro é o_2 e os seus vizinhos são $o_{21}, o_{22}, \ldots, o_{2l_2}$. Primeiro valor de subdivisão $NV_2 \equiv R_2 (\bmod r)$. Definir $V_2 = \dfrac{NV_2}{r}$ and $D_2 = D_{v2}/V_2$ (em que D é o valor numérico 1 seguido do número de dígitos 0 da parte integral de V_2) particionado na soma de l valores de$_2$, digamos $d_{21}, d_{22}, \ldots, d_{2_{l_2}}$, e atribuir a estes valores o valor mínimo do valor de associação do grau de verdade de o_2 ou $o_{21}, o_{22}, \ldots, o_{2l_2}$. Repetir o processo até enquadrar a sub-rede SN_r.

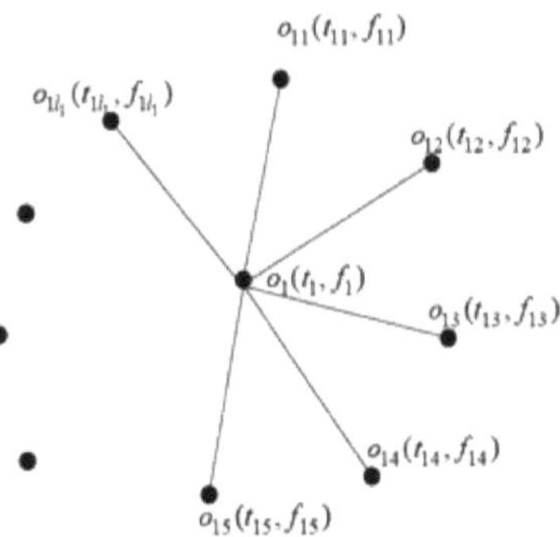

Figura 3.2 Sub-rede IFN-1

Pela definição de IFN, os valores do grau de filiação das arestas $o_1 o_{11}, o_1 o_{12}, ..., o_1 o_{1l_1}$ são $(\min\{o_1(t_1), o_{11}(t_{11})\}$, $\max\{$ $)o_1(f_1), o_{11}(f_{11})\}$

$(\min\{o_1(t_1), o_{12}(t_{12})\}$, $\max\{o_1(f_1), o_{12}(f_{12})\}$),...,$(\min\{o_1(t_1), o_{1l_1}(t_{1l_1})\}$, $\max\{o_1\{f_1\}, o_{1l_1}\{f_{1l_1}\}\}$), respetivamente.

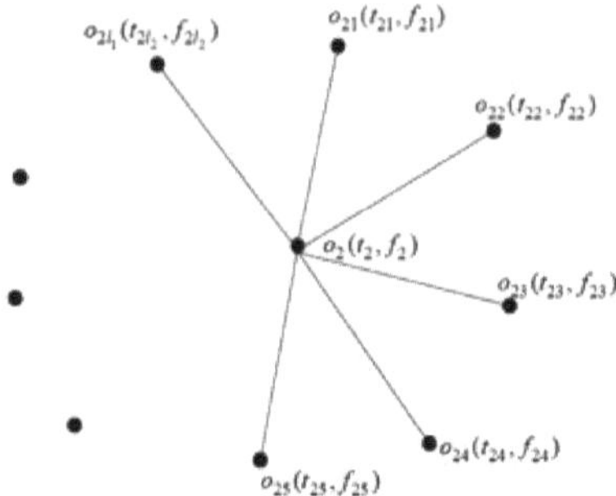

Figura 3.3 Sub-rede IFN-2

Pela definição de IFN, os valores do grau de associação das arestas $o_2 o_{21}, o_2 o_{22}, ..., o_2 o_{2l_2}$ são $(\min\{o_2(t_2), o_{21}(t_{21})\}$, $\max\{o_2(f_2), o_{21}(f_{21})\}$) $(\min\{o_2(t_2), o_{22}(t_{22})\}$, $\max\{o_2(f_2), o_{22}(f_{22})\}$),...,$(\min\{o_2(t_2), o_{2l_2}(t_{2l_2})\}$, $\max\{o_2(f_2), o_{2l_2}(f_{2l_2})\}\}$) respetivamente. Repetir o processo até enquadrar a sub-rede SN_r e, pela definição de IFN, serão definidos os restantes valores de grau de filiação das arestas.

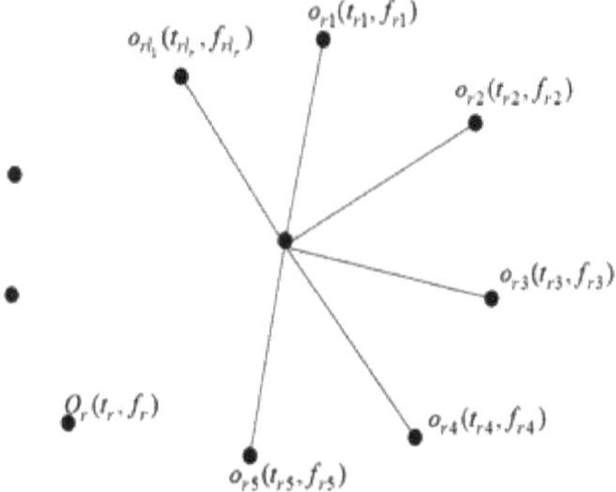

Figura 3.4 Rede IFN r th-Sub

Pela definição de IFN, os valores do grau de filiação das arestas $o_r o_{r1}, o_r o_{r2}, ..., o_r o_{rl_r}$ são $(\min\{o_r(t_r), o_{r1}(t_{r1})\}$, $\max\{\ )\ o_r(f_r), o_{r1}(f_{r1})\}$

$(\min\{o_r(t_r), o_{r2}(t_{r2})\}$, $\max\{o_r(f_r), o_{r2}(f_{r2})\}$ $),...,(\min\{o_r(t_r), o_{rl_r}(t_{rl_r})\}$, $\max\{o_r(f_r), o_{rl_r}(f_{rl_r})\}$ $)$, respetivamente.

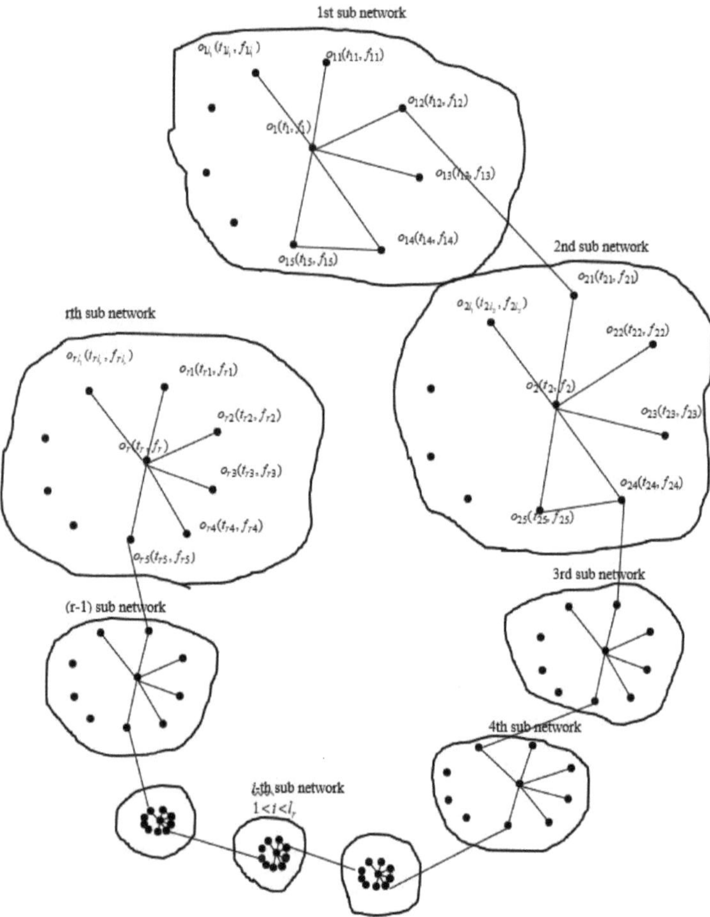

Figura 3.5 Rede IFN encriptada com arestas mínimas

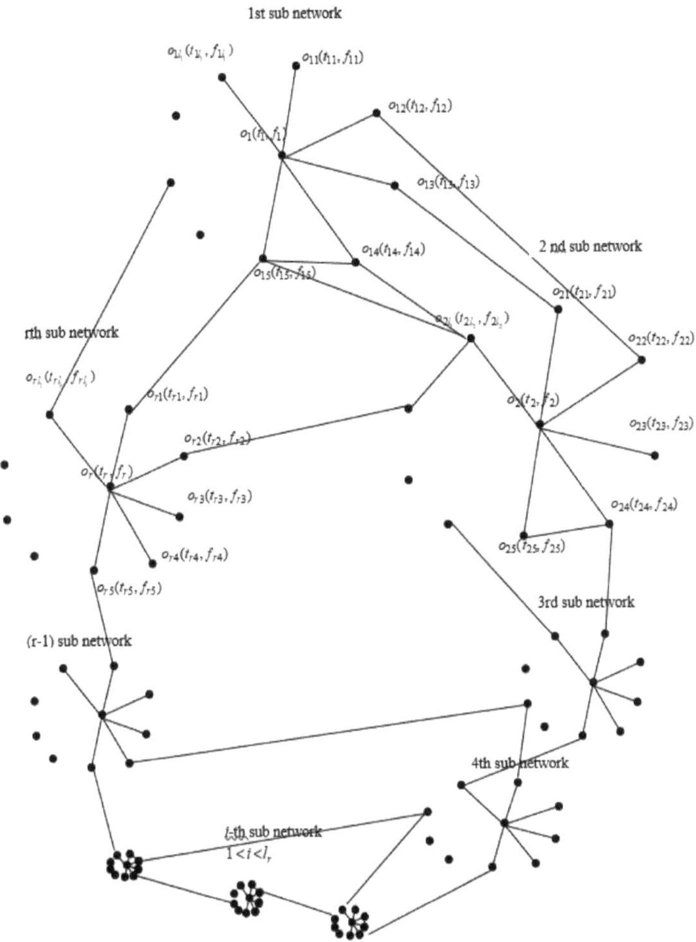

Figura 3.6 Rede IFN encriptada com arestas moderadas

37

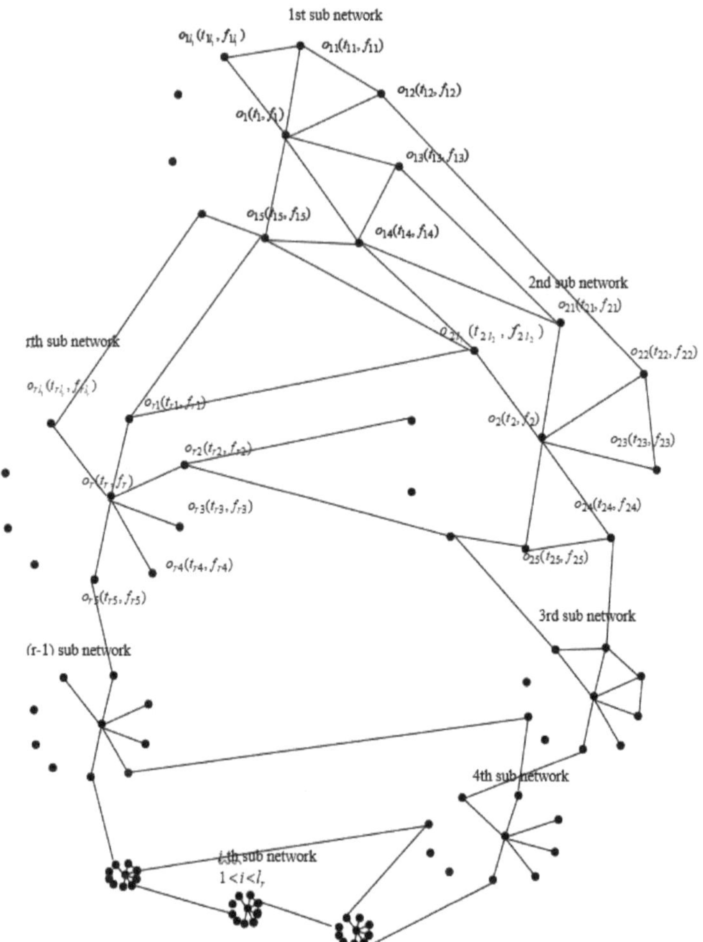

Figura 3.7 Rede IFN encriptada com arestas mais do que moderadas

3.3 Chave **secreta**

A chave para quebrar o IFN encriptado é o conjunto dominante eficiente da rede IFN encriptada. Quando encontrarmos o conjunto dominante eficiente desta rede IFN, podemos decifrá-la.

3.4 Algoritmo de encriptação

Introduzir: $NV \geq r$, $r \neq 0$ é o número secreto

Saída: Rede IFN encriptada

começar

Passo 1: Subdividir o número secreto NV em "r" valores NV_1 , NV_2 ,..., NV_r de modo a que $NV_1 \equiv R_1 (\mathrm{mod}\, r)$ (em que $R_1 = 0$), $NV_2 \equiv R_2 (\mathrm{mod}\, r)$ (em que $R_2 = 1$), $NV_3 \equiv R_3 (\mathrm{mod}\, r)$ (em que $R_3 = 2$),..., $NV_r \equiv R_r (\mathrm{mod}\, r)$ (em que $R_r = $ r-1)

Etapa 2: Enquadrar $'r'$ sub-redes e planear a atribuição de $'r'$ nós dominantes eficientes na rede construída. Os nós dominantes eficientes (EDN) são o_1 , o_2 , o_3 ,...,o_r . Estes nós são os centros das sub-redes SN_1 , SN_2 , SN_3 ,..., SN_r respetivamente. Os vizinhos de o_1 , o_2 , o_3 ,..., o_r são $o_{11}, o_{12},..., o_{1l_1}$; ; $o_{21}, o_{22},..., o_{2l_2}$ $o_{31}, o_{32},..., o_{3l_3}$,...., $o_{r1}, o_{r2},..., o_{rl_r}$ respetivamente. (escolher convenientemente o número de vértices vizinhos l_1 ,l_2,...,l_r de o_1 , o_2 ,o_3 ,..., o_r respetivamente onde l_1 ,l_2,...,$l_r \geq 1$)

Passo 3: O número de nós presentes na rede IFN é $r + l_1 + l_2 + ... + l_r$.

Definir Min E (o número mínimo de arestas presentes na rede construída é denotado por Min E) $= \{ o_1 o_{1j_1}, o_2 o_{2j_2}, ..., o_r o_{rj_r} \,/\, 1 \leq j_1 \leq l_1, 1 \leq j_2 \leq l_2, ..., 1 \leq j_r \leq l_r \}$

$\cup \{ o_{1j_1} o_{2j_2}, o_{2j_2} o_{3j_3}, ..., o_{(r-1)j_{r-1}} o_{rj_r} \}$ para apenas um $j_1, j_2, ..., j_r$ em que $1 \leq j_1 \leq l_1, 1 \leq j_2 \leq l_2, ..., 1 \leq j_r \leq l_r$.

Por conseguinte, o número mínimo de arestas presentes na rede é $(r-1) + l_1 + l_2 + ... + l_r$

Etapa 4: Definir (o número máximo de arestas presentes na rede construída é indicado por Max E) Max E

$$= \{(a,b); 1 \leq a,b \leq l_1 + l_2 + ... + l_r + r; a \neq b\}$$

$$- \begin{cases} o_1 o_{k_1} \ \text{where} \ 2 \leq k_1 \leq r, \ o_2 o_{k_2} \ \text{where} \ 3 \leq k_2 \leq r, \ o_3 o_{k_3} \ \text{where} \ 4 \leq k_3 \leq r, ..., o_{r-1} o_r, \\ o_1 o_{2j_2}, o_1 o_{3j_3} ...., o_1 o_{rj_r}; o_2 o_{3j3}, o_2 o_{4j_4}, ... o_2 o_{rj_r}; o_3 o_{4j_4}, o_3 o_{5j_5}, ... o_3 o_{rj_r}; ...; o_{r-1} o_{rj_r} \\ \text{where} \ 1 \leq j_2 \leq l_2, 1 \leq j_3 \leq l_3 ..., 1 \leq j_r \leq l_r. \end{cases}$$

Etapa 5: $V_1 = \dfrac{NV_1}{r}, \ V_2 = \dfrac{NV_2}{r}, \ V_3 = \dfrac{NV_3}{r}, \ ..., V_r = \dfrac{NV_r}{r}$

$D_1 = D_{v1}/V_1$ (em que D_{v1} - o valor numérico 1 seguido do número de dígitos 0 da parte integral de $V)_1$

$D_2 = D_{v2}/V_2$ (em que D_{v2} - o valor numérico 1 seguido do número de dígitos 0 da parte integrante $V)_2$, ..., $D_r = D_{vr}/V_r$

(em que D_{vr} - o valor numérico 1 seguido do número de dígitos 0 da parte integral de $V)_r$

Passo 6: Dividir $; D_1 = d_{11} + d_{12} + ... + d_{1l_1} \ D_2 = d_{21} + d_{22} + ... + d_{2l_2} \ ;....; \ $

$D_r = d_{r1} + d_{r2} + ... + d_{rl_r}$

Atribuir $, \min \{o_1(t_1), o_{11}(t_{11})\} = d_{11} \ \min \{o_1(t_1), o_{12}(t_{12})\} = d_{12} \quad ,...,$

$\min \{o_1(t_1), o_{1l_1}(t_{1l_1})\} = d_{1l_1}$ na primeira sub-rede.

Atribuir $, \min \{o_2(t_1), o_{21}(t_{21})\} = d_{21} \ \min \{o_2(t_1), o_{22}(t_{22})\} = d_{22} \quad ,...,$

$\min \{o_2(t_1), o_{2l_2}(t_{2l_2})\} = d_{2l_2}$ na segunda sub-rede, continuando o processo até atribuir

$\min \{o_r(t_1), o_{r1}(t_{r1})\} = d_{r1}, \min \{o_r(t_1), o_{r2}(t_{r2})\} = d_{r2} \quad ,.... \quad ,$

$\min \{o_r(t_1), o_{rl_r}(t_{rl_r})\} = d_{rl_r}$

na r-ésima sub-rede.

Etapa 7: Os restantes valores de associação da aresta serão seguidos pela definição de IFN

fim

3.5 Algoritmo de desencriptação

Entrada: IFN encriptado

Saída: NV, o número secreto

Começar

Passo 1: Encontrar os membros dominantes eficientes do IFN o_1 , o_2 , o_3 ,..., o_r de modo a que $N[o_1] \cap N[o_2] \cap ... N[o_r] = \phi$ e $N[o_i]$ representem os vizinhos do vértice o_i

Passo 2: $V_1 = D_{v1}\left(\sum_{j_1=1}^{l_1} d_{1j_1}\right)$

$$V_2 = D_{v2}\left(\sum_{j_2=1}^{l_2} d_{1j_2}\right),...,V_r = D_{vr}\left(\sum_{j_r=1}^{l_r} d_{1j_r}\right)$$

Passo 3: $NV = r\left(\sum_{i=1}^{r} V_i\right)$

Fim

3.6 ILUSTRAÇÃO

O número secreto é $NV = 10810$

3.6.1 Construção de IFN a partir de sub IFN

O valor numérico adequado NV. Temos de dividir este NV no módulo $r=5$. Agora NV é subdividido em '5' valores, digamos NV_1 , NV_2 , NV_3 , NV_4 , NV_5 tal que , , $NV_1 = 3000 \equiv 0 \pmod r$ $NV_2 = 3001 \equiv 1 \pmod r$ $NV_3 = 1502 \equiv 2 \pmod r$, $NV_4 = 1503 \equiv 3 \pmod r$ $NV_5 = 1804 \equiv 4 \pmod r$. Uma vez que temos '5' valores de subdivisão, temos de enquadrar 5 sub-redes e planeamos atribuir '5' nós de dominação eficiente na rede construída. Sejam os nós dominantes eficientes (EDN) o_1 , o_2 , o_3 , o_4 , o_5 . Estes nós são o centro das sub-redes SN_1 , SN_2 , SN_3, SN_4 , SN_5 . respetivamente. Os vizinhos de o_1 , o_2 , o_3 , o_4 , o_5 são $o_{11}, o_{12}, o_{13}, o_{14}, o_{15}, o_{16}$; $o_{21}, o_{22}, o_{23}, o_{24}$; ; ;

$o_{31}, o_{32}, o_{33}, o_{34}\ o_{41}, o_{42}, o_{43}, o_{44}\ o_{51}, o_{52}, o_{53}, o_{54}, o_{55}, o_{56}$ respetivamente. (a seleção dos nós vizinhos depende da nossa escolha)

A primeira sub-rede é a SN_1 cujo centro é o_1 e os seus vizinhos são $o_{11}, o_{12}, o_{13}, o_{14}, o_{15}, o_{16}$. Primeiro valor de subdivisão $NV_1 = 3000 \equiv 0 (\mathrm{mod}\, r)$. O conjunto $V_1 = \dfrac{NV_1}{r} = \dfrac{3000}{5} = 600$ *and* $D_1 = D_{v1}/V_1 = 1000/600 = 0.600$ (em que D_{v1} é o valor numérico 1 seguido do número de dígitos 0 da parte integral de V_1) é dividido numa soma de 6 valores, ou seja, $d_{11}, d_{12}, \ldots d_{1_6}$, e estes valores são o valor mínimo de o_1 ou de $o_{11}, o_{12}, o_{13}, o_{14}, o_{15}, o_{16}$ valor de grau de verdade.

A segunda sub-rede é a SN_2 cujo centro é O_2 e os seus vizinhos são $o_{21}, o_{22}, o_{23}, o_{24}, o_{25}.o_{26}$. Valor da segunda subdivisão $NV_2 = 3001 \equiv 1(\mathrm{mod}\, r)$. O conjunto $V_2 = \dfrac{NV_2}{r} = \dfrac{3001}{5} = 600.2$ *and* $D_2 = D_{v2}/V_2 = 1000/600.2 = 0.6002$ (em que D_{v2} é o valor numérico 1 seguido do número de 0's da parte integral de V_2) é dividido numa soma de 6 valores, ou seja, $d_{21}, d_{22}, \ldots d_{26}$, e estes valores são o valor mínimo de$_2$ ou de $o_{21}, o_{22}, \ldots, o_{26}$, o valor do grau de verdade.

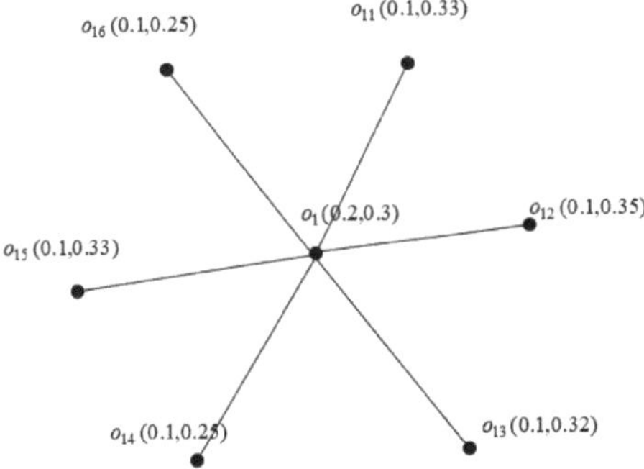

Figura 3.8 Ilustração da sub-rede IFN-1

Pela definição de IFN, os valores do grau de associação das arestas são $\min\{o_1(t_1),o_{11}(t_{11})\}$, $\max\{o_1(f_1),o_{11}(f_{11})\}$) ($\min\{o_1(t_1),o_{12}(t_{12})\}$, $\max\{o_1(f_1),o_{12}(f_{12})\}$),...,($\min o_1(t_1),o_{16}(t_{16})\}$, $\min\{o_1\{i_1\},o_{16}(i_{16})\}$, $\max\{o_1\{f_1\},o_{16}(f_{16})\}$) respetivamente.

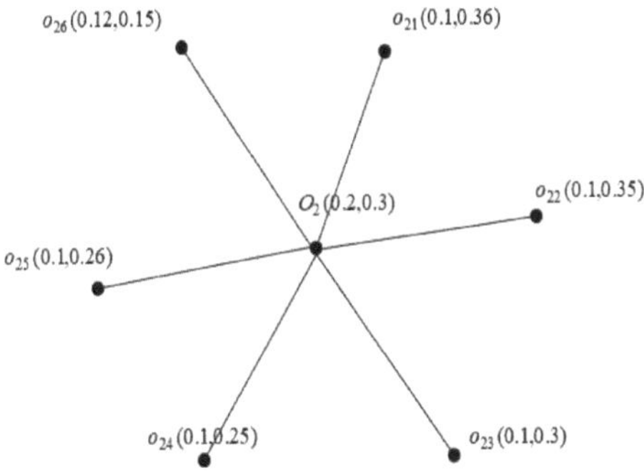

Figura 3.9 Ilustração da sub-rede IFN-2

Pela definição de IFN, os valores do grau de filiação das arestas $o_2 o_{21}, o_2 o_{22}, ..., o_2 o_{2l_2}$ são

$(\min\{o_2(t_2), o_{21}(t_{21})\}, \max\{\,\} o_2(f_2), o_{21}(f_{21})\}$

$(\min\{o_2(t_2), o_{22}(t_{22})\}, \max\{o_2(f_2), o_{22}(f_{22})\}, ...,$

$(\min\{o_2(t_2), o_{26}(t_{26})\}, \max\{o_2(f_2), o_{26}(f_{26})\}\}$), respetivamente

A terceira sub-rede é a SN_3 cujo centro é O_3 e os seus vizinhos são $o_{31}, o_{32}, o_{33}, o_{34}, o_{35}$. Valor da terceira subdivisão $NV_3 = 1502 \equiv 2(\bmod r)$. O conjunto $V_3 = \dfrac{NV_3}{r} = \dfrac{1502}{5} = 300.4$ *and* $D_3 = D_{v3}/V_3 = 1000/300.4 = 0.3004$ (em que D_{v3} é o valor numérico 1 seguido do número de 0's da parte integral de V_3) é dividido numa soma de 5 valores, ou seja, $d_{31}, d_{32}, ... d_{35}$, e estes valores são o valor mínimo de$_3$ ou de $o_{31}, o_{32}, ..., o_{35}$, o valor do grau de filiação verdadeiro.

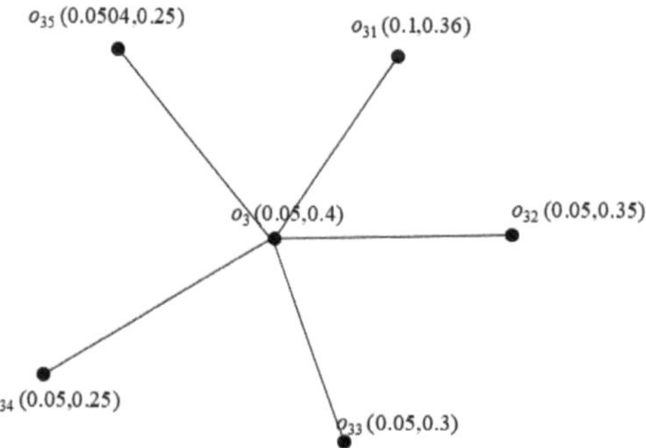

Figura 3.10 Ilustração da sub-rede IFN-3

A quarta sub-rede é a SN_4 cujo centro é o_4 e os seus vizinhos são $o_{41}, o_{42}, o_{43}, o_{44}, o_{45}$. Valor da quarta subdivisão $NV_4 = 1503 \equiv 3(\bmod r)$. O conjunto $V_4 = \dfrac{NV_4}{r} = \dfrac{1503}{5} = 300.6 \; and \; D_4 = D_{v4}/V_4 = 1000/300.6 = 0.3006$ (em

que D_{v4} é o valor numérico 1 seguido do número de 0's da parte integral

de V_4) é dividido numa soma de 5 valores, ou seja, $d_{41}, d_{42}, \ldots d_{45}$, e estes

valores são o valor mínimo de o_4 ou de $o_{41}, o_{42}, o_{43}, o_{44}, o_{45}$ valor de grau de

verdade.

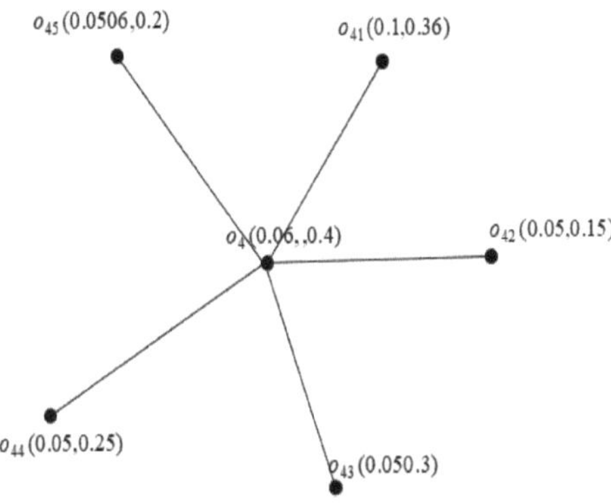

Figura 3.11 Ilustração da sub-rede IFN-4

A quinta sub-rede é a SN_5 cujo centro é o_5 e os seus vizinhos são

$o_{51}, o_{52}, o_{53}, o_{54}, o_{55}, o_{56}.$ Quarto valor da subdivisão

$NV_5 = 1804 \equiv 4(\bmod r)$. O conjunto $V_5 = \dfrac{NV_5}{r} = \dfrac{1804}{5} = 360.8 \; and$

$D_5 = D_{v5}/V_5 = 1000/360.8 = 0.3608$ (em que D_{v5} é o valor numérico 1 seguido

do número de 0's da parte integral de V_5) é particionado numa soma de 6

valores, digamos $d_{41}, d_{42}, \ldots d_{45}$, e estes valores são o valor mínimo de $_5$ ou

$o_{51}, o_{52}, o_{53}, o_{54}, o_{55}, o_{56}$, o valor do grau de verdade.

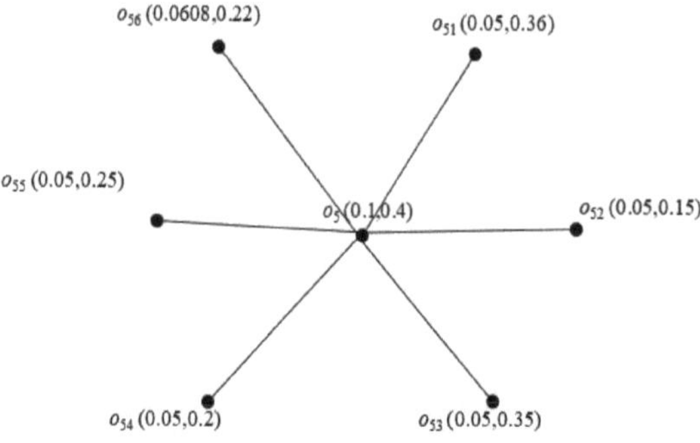

Figura 3.12 Ilustração da sub-rede IFN-5

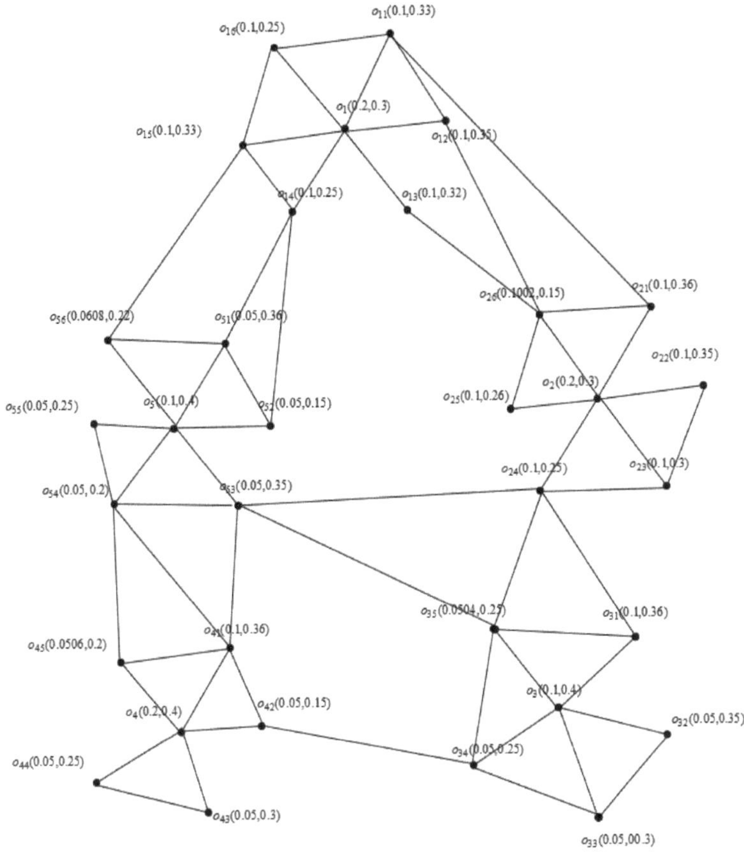

Figura 3.13 Ilustração IFN encriptado com o número secreto -10810

Os valores de grau de afiliação das arestas são apresentados de seguida

Arestas	Valores do grau de filiação	Arestas	Valores do grau de filiação
$o\,o_{111}$	(0.1,0.33)	$o\,o_{3334}$	(0.05,0.3)
$o_1\,o_{12}$	(0.1,0.35)	$o\,o_{3435}$	(0.05,0.25)
$o_1\,o_{13}$	(0.1,0.32)	$o\,o_{441}$	(0.1,0.4)
$o_1\,o_{14}$	(0.1,0.3)	$o\,o_{442}$	(0.05,0.4)
$o_1\,o_{15}$	(0.1,0.33)	$o\,o_{443}$	(0.05,0.4)

$o_1 o_{16}$	(0.1,0.3)	$o\, o_{444}$	(0.05,0.4)
$o_{11} o_{21}$	(0.1,0.36)	$o\, o_{445}$	(0.0506,0.4)
$o_{12} o_{26}$	(0.1,0.35)	$o\, o_{4145}$	(0.0506,0.36)
$o_{13} o_{26}$	(0.1,0.32)	$o\, o_{4142}$	(0.05,0.36)
$o_{11} o_{16}$	(0.1,0.33)	$o\, o_{4344}$	(0.05,0.3)
$o_{11} o_{12}$	(0.1,0.36)	$o\, o_{4153}$	(0.05,0.36)
$o_{14} o_{15}$	(0.1,0.25)	$o\, o_{4554}$	(0.05,0.2)
$o_{15} o_{16}$	(0.1,0.33)	$o\, o_{4154}$	(0.05,0.2)
$o_2 o_{21}$	(0.1,0.36)	$o\, o_{551}$	(0.05,0.4)
$o_2 o_{22}$	(0.1,0.3)	$o\, o_{552}$	(0.05,0.36)
$o\, o_{223}$	(0.1,0.3)	$o\, o_{553}$	(0.05,0.4)
$o\, o_{224}$	(0.1,0.3)	$o\, o_{554}$	(0.05,0.4)
$o\, o_{225}$	(0.1,0.3)	$o\, o_{555}$	(0.05,0.4)
$o\, o_{226}$	(0.1002,0.3)	$o\, o_{556}$	(0.0608,0.4)
$o\, o_{2126}$	(0.1,0.36)	$o\, o_{1452}$	(0.05,0.25)
$o\, o_{2526}$	(0.1,0.2)	$o\, o_{1451}$	(0.05,0.36)
$o\, o_{2324}$	(0.1,0.3)	$o\, o_{1556}$	(0.0608,0.33)
$o\, o_{2223}$	(0.1,0.35)	$o\, o_{5156}$	(0.05,0.36)
$o\, o_{331}$	(0.05,0.36)	$o\, o_{5152}$	(0.05,0.361)
$o\, o_{332}$	(0.05,0.4)	$o\, o_{5354}$	(0.05,0.35)
$o\, o_{333}$	(0.05,0.4)	$o\, o_{5455}$	(0.05,0.25)
$o\, o_{334}$	(0.05,0.4)	$o\, o_{2453}$	(0.05,0.35)
$o\, o_{335}$	(0.0504,0.4)	$o\, o_{3453}$	(0.05,0.35)
$o\, o_{3135}$	(0.0504,0.36)	$o\, o_{4542}$	(0.05,0.25)
$o\, o_{3233}$	(0.05,0.35)		

3.6.1 Chave secreta

A chave para decifrar o IFN encriptado é o conjunto dominante eficiente da rede encriptada do IFN, que é mostrado na figura 2.13. Quando encontrarmos o conjunto dominante eficiente desta rede, podemos decifrá-la. Os membros dominantes eficientes desta IFN são o_1, o_2, o_3, o_4, e o_5.

3.6.2 *Algoritmo* de encriptação

Entrada: $NV = 10810$ é o número secreto

Saída: Rede IFN encriptada

começar

Passo 1: Subdividir o número secreto NV em "5" valores NV_1 , NV_2 , NV_3 , NV_4 , NV_5 de modo a que , , $NV_1 = 3000 \equiv 0(\bmod\, r)$ $NV_2 = 3001 \equiv 1(\bmod\, r)$ $NV_3 = 1502 \equiv 2(\bmod\, r)$, $NV_4 = 1503 \equiv 3(\bmod\, r)$ $NV_5 = 1804 \equiv 4(\bmod\, r)$.

Etapa 2: Enquadrar '5' sub-redes e planear a atribuição de '5' nós dominantes eficientes na rede construída. Os nós dominantes eficientes (EDN) são o_1 , o_2 , o_3 , o_4 , e o_5 . Estes nós são os centros das sub-redes SN_1 , SN_2 , SN_3, , SN_4 , SN_5 respetivamente. Os vizinhos de o_1 , o_2 , o_3 , o_4 , e o_5 são $o_{11}, o_{12}, o_{13}, o_{14}, o_{15}, o_{16}$; $o_{21}, o_{22}, o_{23}, o_{24}, o_{25}, o_{26}$; ; ; $o_{31}, o_{32}, o_{33}, o_{34}$

$o_{41}, o_{42}, o_{43}, o_{44}\ o_{51}, o_{52}, o_{53}, o_{54}, o_{55}, o_{56}$ respetivamente.

Passo 3: O número de nós presentes na rede IFN é 33.

O número mínimo de arestas presentes na rede construída é denotado por

$$\text{Min } E = \left\{ o_1 o_{1j_1}, o_2 o_{2j_2}, ..., o_5 o_{5j5} / 1 \le j_1 \le 6, 1 \le j_2 \le 6, 1 \le j_3 \le 5, 1 \le j_4 \le 5, 1 \le j_5 \le 6 \right\}$$

$$\cup \left\{ o_{1j_1} o_{2j_2}, o_{2j_2} o_{3j_3}, o_{4j_4} o_{5j_5} \right\} \quad \text{para} \quad \text{apenas} \quad \text{um } j_1, j_2, ..., j_5 \quad \text{em} \quad \text{que}$$

$$1 \le j_1 \le 6, 1 \le j_2 \le 6, 1 \le j_3 \le 5, 1 \le j_4 \le 5, 1 \le j_5 \le 6$$

Assim, o número mínimo de arestas presentes na rede é 32

Passo 4: O número máximo de arestas presentes na rede construída é indicado por Max E $= \left\{ (a,b); 1 \le a, b \le 33; a \ne b \right\}$

$$-\left\{ \begin{array}{l} o_1 o_{k_1} \ where \ 2 \le k_1 \le 6, \ o_2 o_{k_2} \ where \ 3 \le k_2 \le 6, \ o_3 o_{k_3} \ where \ 4 \le k_3 \le 5, o_4 o_5, \\ o_1 o_{2j_2}, o_1 o_{3j_3} ...., o_1 o_{5j_5} ; o_2 o_{3j_3}, o_2 o_{4j_4}, ... o_2 o_{5rj_5} ; o_3 o_{4j_4}, o_3 O_{o5j_5} ; o_4 o_{5j_5} \\ where \ 1 \le j_2 \le 6, 1 \le j_3 \le 5, 1 \le j_4 \le 5, 1 \le j_5 \le 6. \end{array} \right. ,$$

Etapa 5: $V_1 = \dfrac{NV_1}{r} = \dfrac{3000}{5}, \ V_2 = \dfrac{3001}{5}, \ V_3 = \dfrac{1502}{5}, \ V_4 = \dfrac{1503}{5}, \ V_5 = \dfrac{1804}{5}$

$D_1 = D_{v1} / V_1 = 1000/600 = 0.600$; $D_1 = D_{v1} / V_1$ (em que D_{v1} - o valor numérico 1 seguido do número de dígitos 0 da parte integral de V_1). Os restantes valores de D_2 , D_3 , D_4 , D_5 são calculados como D_1 .

$D_2 = 1000/600.2 = 0.6002$; ; $D_3 = 1000/300.4 = 0.3004$ $D_4 = 1000/300.6 = 0.3006$

; $D_5 = 1000/360.8 = 0.3608$

Passo 6: Dividir $D_1 = d_{11} + d_{12} + d_{13} + d_{14} + d_{15}$ =

$0,1+0,1+0,1+0,1+0,1+0,1+0,1$;

$D_2 = d_{21} + d_{22} + d_{23} + d_{24} + d_{25} = 0.1 + 0.1 + 0.1 + 0.1 + 0.1 + 0.1002$:

$D_3 = d_{31} + d_{32} + d_{33} + d_{34} + d_{35} = 0.05 + 0.05 + 0.05 + 0.1 + 0.0504$

$D_4 = d_{41} + d_{42} + d_{43} + d_{44} + d_{45} = 0.05 + 0.05 + 0.05 + 0.1 + 0.0506$

$D_5 = d_{51} + d_{52} + d_{53} + d_{54} + d_{55} + d_{56} = 0.05 + 0.05 + 0.05 + 0.05 + 0.05 + 0.0608$

Atribuir , $\min \{o_1(t_1), o_{11}(t_{11})\} = d_{11}$ $\min \{o_1(t_1), o_{12}(t_{12})\} = d_{12}$,…,

$\min \{o_1(t_1), o_{16}(t_{16_1})\} = d_{16}$ na primeira sub-rede

Atribuir , $\min \{o_2(t_1), o_{21}(t_{21})\} = d_{21}$ $\min \{o_2(t_1), o_{22}(t_{22})\} = d_{22}$,…,

$\min \{o_2(t_1), o_{26}(t_{26})\} = d_{26}$ na segunda sub-rede, continuando o processo até

atribuir

$\min \{o_5(t_1), o_{51}(t_{51})\} = d_{51}, \min \{o_5(t_1), o_{52}(t_{52})\} = d_{52}$,…., , $\min \{o_5(t_1), o_{56}(t_{56})\} = d_{56}$

na 5.ª sub-rede.

Etapa 7: Os restantes valores de associação da aresta serão seguidos pela definição de IFN

fim

3.6.3 Algoritmo de desencriptação

Entrada: IFN encriptado

Saída: NV, o número secreto

Começar

Passo 1: Encontrar os membros dominantes eficientes do IFN o_1 , o_2 , o_3 , o_4 , o_5 tais que $N[o_1] \cap N[o_2] \cap N[o_3] \cap N[o_4] \cap N[o_5] = \phi$

Passo 2: $V_1 = D_{v1} \left(\sum_{j_1=1}^{6} d_{1j_1} \right) = 1000(0.1 + 0.1 + 0.1 + 0.1 + 0.1 + 0.1) = 600$

$$V_2 = D_{v2} \left(\sum_{j_2=1}^{6} d_{1j_2} \right) = 1000(0.6004) = 600.4 , \qquad , \qquad ,$$

$$V_3 = D_{v3} \left(\sum_{j_2=1}^{5} d_{1j_2} \right) = 1000(0.3004) = 300.4$$

$$V_4 = D_{v4} \left(\sum_{j_2=1}^{5} d_{1j_2} \right) = 1000(0.3006) = 300.6 \quad V_5 = D_{v5} \left(\sum_{j_2=1}^{6} d_{1j_2} \right) = 1000(0.3608) = 360.8$$

Passo 3: $NV = r \left(\sum_{i=1}^{5} V_i \right) = 5(2162) = 10810$.

fim

CAPÍTULO-4

APLICAÇÃO DE REDES NEUTROSÓFICAS COM DOMINAÇÃO EFICIENTE

Este capítulo é composto por quatro secções. Em primeiro lugar, o conceito de rede neutrosófica de valor único (SVNN) é construído a partir da sub-rede SVNN, sendo introduzido e estudado o valor de adesão. Na segunda secção, é gerada a chave secreta. Na terceira secção, os algoritmos de encriptação e de desencriptação são obtidos a partir da chave secreta. Finalmente, é feita uma ilustração para encontrar o número secreto utilizando uma dominação eficiente.

4.1 Dominação eficiente em grafos neutrosóficos

A Single Valued Neutrosophic Network (SVNN) é definida como um grupo de pessoas da mesma categoria (um conjunto de nós) que interagem entre si e trabalham em conjunto (a ligação é uma relação que representa a partilha de trabalho ou de informações), de modo que cada nó (pessoa) tem um valor de grau de associação verdadeiro (T), um valor de grau de associação indeterminado (I) e um grau de associação falso (F). A relação (informação, partilha de conhecimentos, etc.) entre duas pessoas é representada por uma ligação. A ligação também tem um valor de grau de associação verdadeiro (T), um valor de grau de associação indeterminado (I) e um grau de associação falso (F).

Definição 4.1.1 Um grafo neutrosófico (GN) tem a forma $H_{NG} = (V_s, E_s)$ em que

(i) $V_s = \{o_1, o_2, ..., o_n\}$ de tal modo que ; $T_{V_s} : V_s \to [0,1]$ $I_{V_s} : V_s \to [0,1]$

e $F_{V_s} : V_s \to [0,1]$ denotam o valor do grau de associação à verdade, o valor do grau de associação à indeterminação e o valor do grau de associação à falsidade, respetivamente, e

$0 \le T_{V_s}(v_s) + I_{V_s}(v_s) + F_{V_s}(v_s) \le 3$ para cada $v_s \in V$.

(ii) $E \subseteq V \times V$ where $T_{E_s} : V \times V \to [0,1]$;   ; $I_{E_s} : V \times V \to [0,1]$

$F_{E_s} : V \times V \to [0,1]$ são   definidos   por $T_{E_s}\{(a_i,a_j)\}$

$\le \min \{T_{V_s}(a_i), T_{V_s}(a_j)\}$;

$I_{E_s}\{(a_i,a_j)\} \le \min \{I_{V_s}(a_i), I_{V_s}(a_j)\}$;

$F_{E_s}\{(a_i,a_j)\} \ge \max \{F_{V_s}(a_i), F_{V_s}(a_j)\}$ denotam o grau de valor de associação de verdade, o grau de valor de associação de indeterminação e o grau de valor de associação de falsidade da aresta $(a_i,a_j) \in E_s$ respetivamente, onde

$0 \le T_{E_s}\{(a_i,a_j)\} + I_{E_s}\{(a_i,a_j)\} + F_{E_s}\{(a_i,a_j)\} \le 3 \ \forall (a_i,a_j) \in E_s.$

Definição 4.1.2 Uma SVNN é considerada forte se satisfizer o seguinte

$T_{E_s}\{(a_i,a_j)\} = \min \{T_{V_s}(a_i), T_{V_s}(a_j)\}$;   ; $I_{E_s}\{(a_i,a_j)\} = \min \{I_{V_s}(a_i), I_{V_s}(a_j)\}$

$F_{E_s}\{(a_i,a_j)\} = \max \{F_{V_s}(a_i), F_{V_s}(a_j)\} \ \forall (a_i,a_j) \in E_s \ and \ a_i \& a_j \in V_s.$ O seguinte gráfico SVN é forte.

Exemplo:

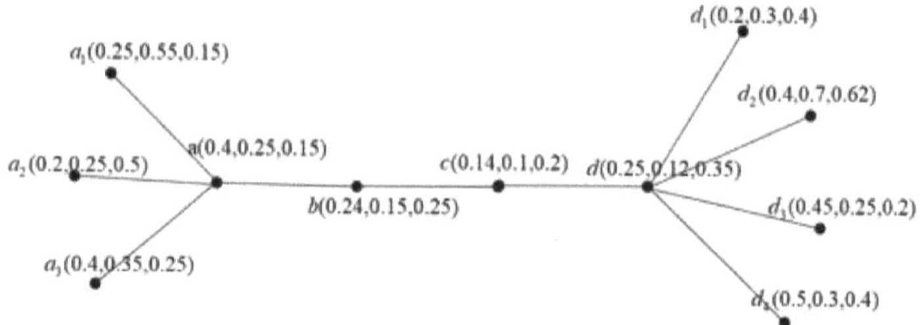

Figura 4.1 Dominação eficiente do grafo neutrosófico de valor único

4.2 Construção do SVNN a partir do sub SVNN

O número secreto (valor numérico) a encriptar é um número inteiro não nulo. Selecionar o valor numérico adequado $(NV \neq 0)$ (uma vez que temos de o dividir no módulo $r, r \neq 0$). Agora, NV é subdividido em "r" valores, por exemplo, NV_1 , NV_2 ,..., NV_r , de modo que $NV_1 \equiv R_1 (\mathrm{mod}\, r)$ (onde $R_1 = 0$), $NV_2 \equiv R_2 (\mathrm{mod}\, r)$ (onde $R_2 = 1$), $NV_3 \equiv R_3 (\mathrm{mod}\, r)$ (onde $R_3 = 2$),..., $NV_r \equiv R_r (\mathrm{mod}\, r)$ (onde $R_r = r\text{-}1$). Uma vez que temos 'r' valores de subdivisão, temos de enquadrar 'r' sub-rede e planeámos atribuir 'r' nós de dominação eficiente na rede construída. Os nós dominantes eficientes (EDN) são o_1 , o_2 , o_3 ,..., o_r . Estes nós são o centro das sub-redes SN_1 , SN_2 , SN_3 ,..., SN_r respetivamente. Que os vizinhos de o_1 , o_2 , o_3 ,..., o_r sejam $o_{11}, o_{12}, ..., o_{1l_1}$; ; $o_{21}, o_{22}, ..., o_{2l_2}$ $o_{31}, o_{32}, ..., o_{3l_3}$,...,$o_{r1}, o_{r2}, ..., o_{rl_r}$ respetivamente.

A primeira sub-rede SVN é a SN_1 cujo centro é o_1 e os seus vizinhos são $o_{11}, o_{12}, ..., o_{1l_1}$. $o_{11}, o_{12}, ..., o_{1l_1}$ Primeiro valor de subdivisão $NV_1 \equiv R_1 (\mathrm{mod}\, r)$. O conjunto $V_1 = \dfrac{NV_1}{r}$ and $D_1 = D_{v1}/V_1$ (em que D_{v1} é o valor numérico 1 seguido do número de dígitos 0 da parte integral de V_1) é particionado numa soma de l valores$_1$, ou seja, $d_{11}, d_{12}, ... d_{1l_1}$, respetivamente, e estes valores são o valor mínimo de o_1 ou $o_{11}, o_{12}, ..., o_{1l_1}$, o valor do grau de associação verdadeiro.

A segunda sub-rede SVN é a SN_2 cujo centro é o_2 e os seus vizinhos são $o_{21}, o_{22}, ..., o_{2l_2}$. Primeiro valor de subdivisão $NV_2 \equiv R_2 (\bmod r)$. Definir $V_2 = \dfrac{NV_2}{r}$ and $D_2 = D_{v2}/V_2$ (em que D é o valor numérico 1 seguido do número de dígitos 0 da parte integral de V_2) particionado na soma de l valores de$_2$, digamos $d_{21}, d_{22}, ..., d_{2l_2}$, e atribuir a estes valores o valor mínimo do valor de associação do grau de verdade de o_2 ou $o_{21}, o_{22}, ..., o_{2l_2}$. Repetir o processo até enquadrar a sub-rede SN_r

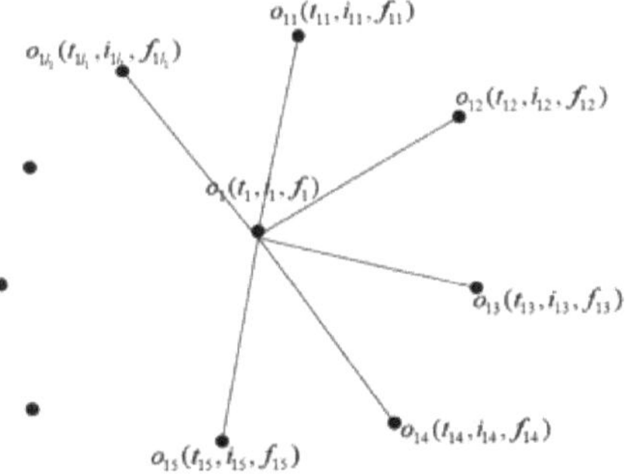

Figura 4.2 SVN Sub-rede-1

Pela definição de SVNN, os valores do grau de associação das arestas $o_1 o_{11}, o_1 o_{12}, ..., o_1 o_{1l_1}$ são $(\min\{o_1(t_1), o_{11}(t_{11})\}$, $\min\{o_1(i_1), o_{11}(i_{11})\}$, $\max\{o_1(f_1), o_{11}(f_{11})\}$ $)(\min\{o_1(t_1), o_{12}(t_{12})\}$, $\min\{o_1(i_1), o_{12}(i_{12})\}$, $\max\{o_1(f_1), o_{12}(f_{12})\}$ $),...,(\min\{o_1(t_1), o_{1l_1}(t_{1l_1})\}$, $\min\{o_1\{i_1\}, o_{1l_1}\{i_{1l_1}\}\}$, $\max\{o_1\{f_1\}, o_{1l_1}\{f_{1l_1}\}\}$ $)$ respetivamente.

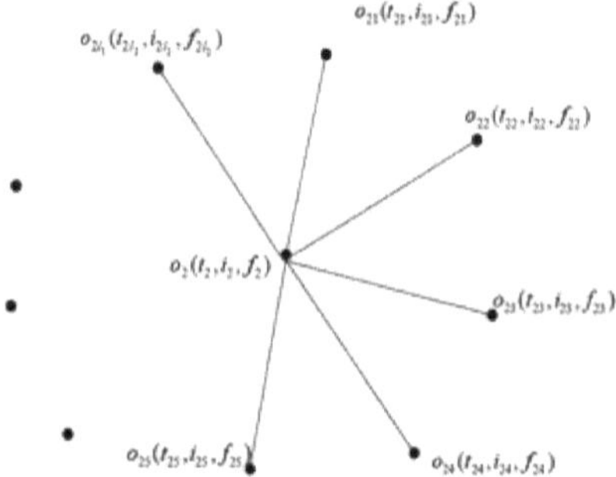

Figura 4.3 SVN Sub-rede-2

Pela definição de SVNN, os valores do grau de associação das arestas $o_2 o_{21}, o_2 o_{22}, ..., o_2 o_{2l_2}$ são $(\min\{o_2(t_2), o_{21}(t_{21})\}$, $\min\{o_2(i_2), o_{21}(i_{21})\}$, $\max\{\ )\ o_2(f_2), o_{21}(f_{21})\}$

$(\min\{o_2(t_2), o_{22}(t_{22})\}$, $\min\{o_2(i_2), o_{22}(i_{22})\}$, $\max\{o_2(f_2), o_{22}(f_{22})\}$ $),...,$

$(\min\{o_2(t_2), o_{2l_1}(t_{2l_2})\}$, $\min\{o_2(i_2), o_{2l_1}(i_{2l_2})\}$, $\max\{o_2(f_2), o_{2l_1}(f_{2l_2})\}$ $)$ respetivamente

Repetir o processo até enquadrar a sub-rede SN_r e, de acordo com a definição de SVNN, serão definidos os restantes valores de grau de afiliação das arestas.

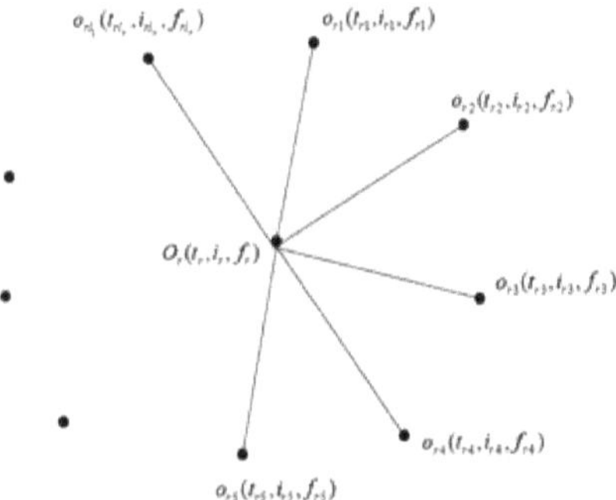

Figura 4.4 Rede SVN r th-Sub

De acordo com a definição de SVNN, os valores do grau de associação das arestas $o_r o_{r1}, o_r o_{r2}, ..., o_r o_{rl_r}$ são

$$(\min\{o_r(t_r), o_{r1}(t_{r1})\} , \min\{o_r(i_r), o_{r1}(i_{r1})\} , \max\{ \ ) \ o_r(f_r), o_{r1}(f_{r1})\}$$

$$(\min\{o_r(t_r), o_{r2}(t_{r2})\} , \min\{o_r(i_r), o_{r2}(i_{r2})\} , \max\{o_r(f_r), o_{r2}(f_{r2})\}), ...,$$

$$(\min\{o_r(t_r), o_{rl_r}(t_{rl_r})\} \quad , \quad \min\{o_r(i_r), o_{rl_r}(i_{rl_r})\} \quad , \quad \max\{o_r(f_r), o_{rl_r}(f_{rl_r})\} \quad),$$

respetivamente.

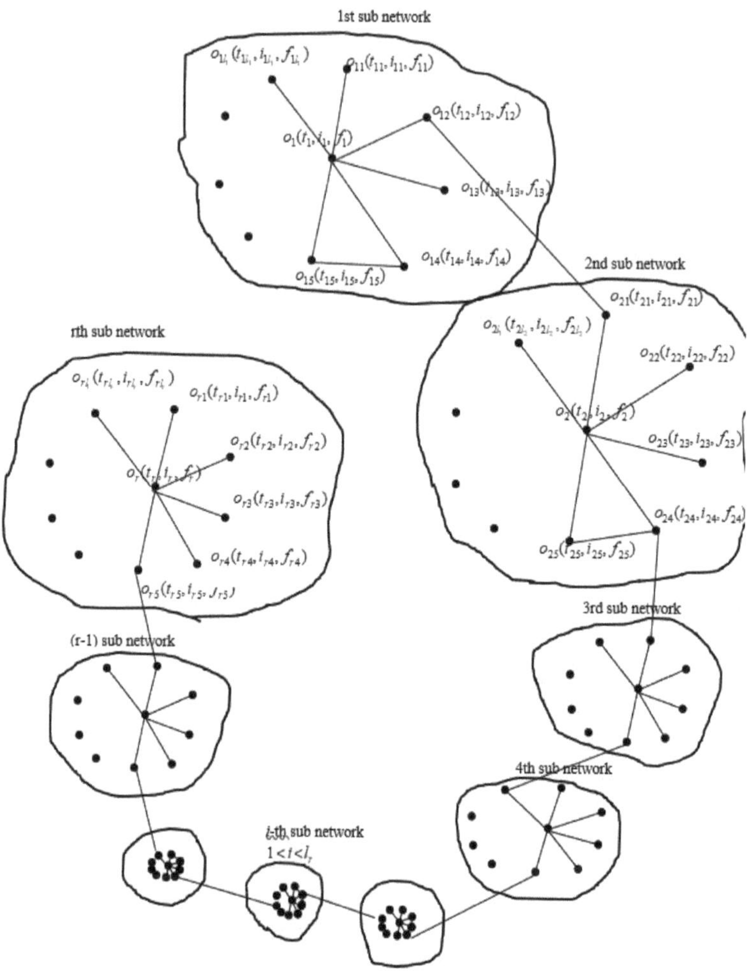

Figura 4.5 Rede SVN encriptada com o mínimo de arestas

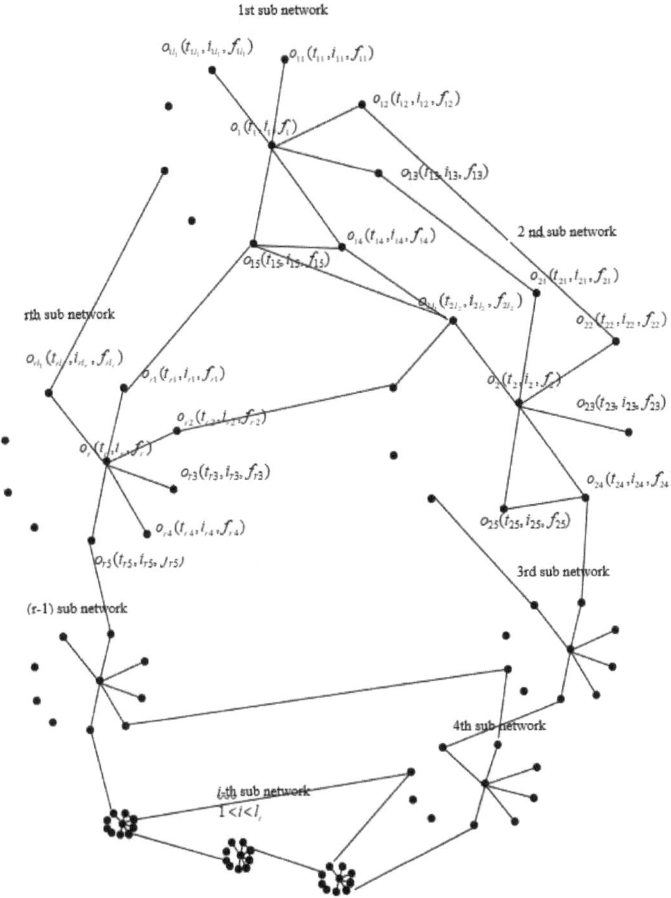

Figura 4.6 Rede SVN encriptada com arestas moderadas

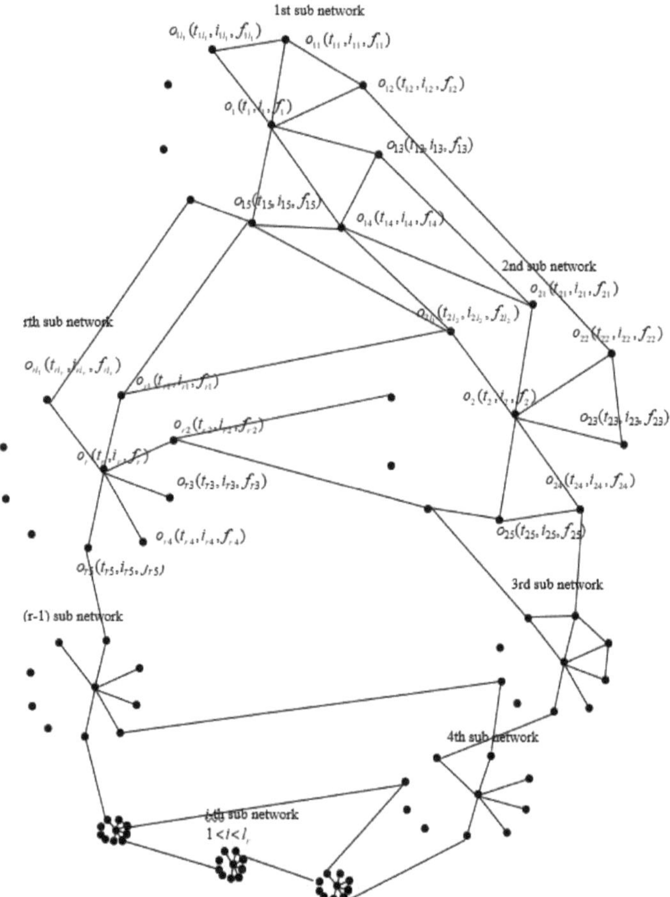

Figura 4.7 Rede SVN encriptada com arestas mais do que moderadas

4.3 Chave **secreta**

A chave para quebrar a SVNN encriptada é o conjunto dominante eficiente da rede SVN encriptada. Quando encontrarmos o conjunto dominante eficiente desta rede SVF, podemos decifrá-la.

4.4 Algoritmo de encriptação

Introduzir: $NV \geq r$, $r \neq 0$ é o número secreto

Saída: Rede SVN encriptada

começar

Passo 1: Subdividir o número secreto NV em "r" valores NV_1, NV_2,...., NV_r de modo a que $NV_1 \equiv R_1 (\mathrm{mod}\, r)$ (em que $R_1 = 0$), $NV_2 \equiv R_2 (\mathrm{mod}\, r)$ (em que $R_2 = 1$), $NV_3 \equiv R_3 (\mathrm{mod}\, r)$ (em que $R_3 = 2$),...., $NV_r \equiv R_r (\mathrm{mod}\, r)$ (em que $R_r = \mathrm{r}\text{-}1$)

Etapa 2: Enquadrar $'r'$ sub-redes e planear a atribuição de $'r'$ nós dominantes eficientes na rede construída. Os nós dominantes eficientes (EDN) são o_1, o_2, o_3,...,o_r . Estes nós são os centros das sub-redes SN_1, SN_2, SN_3,..., SN_r respetivamente. Os vizinhos de o_1, o_2, o_3,..., o_r são $o_{11}, o_{12},..., o_{1l_1}$; ; $o_{21}, o_{22},..., o_{2l_2}$ $o_{31}, o_{32},..., o_{3l_3}$,...., $o_{r1}, o_{r2},..., o_{rl_r}$ respetivamente. (escolher convenientemente o número de vértices vizinhos l_1,l_2,...,l_r de o_1, o_2,o_3,..., o_r respetivamente onde l_1,l_2,...,$l_r \geq 1$)

Passo 3: O número de nós presentes na rede SVN é $r + l_1 + l_2 + ... + l_r$.

Definir Min E (o número mínimo de arestas presentes na rede construída é denotado por Min E) $= \left\{ o_1 o_{1j_1}, o_2 o_{2j_2},..., o_r o_{rj_r} / 1 \leq j_1 \leq l_1, 1 \leq j_2 \leq l_2,...,1 \leq j_r \leq l_r \right\}$ $\cup \left\{ o_{1j_1} o_{2j_2}, o_{2j_2} o_{3j_3},..., o_{(r-1)j_{r-1}} o_{rj_r} \right\}$ para apenas um $j_1, j_2,...., j_r$ em que $1 \leq j_1 \leq l_1, 1 \leq j_2 \leq l_2,...,1 \leq j_r \leq l_r$.

Por conseguinte, o número mínimo de arestas presentes na rede é $(r-1) + l_1 + l_2 + ... + l_r$

Etapa 4: Definir (o número máximo de arestas presentes na rede construída é indicado por Max E) Max E

$$= \{(a,b); 1 \le a,b \le l_1 + l_2 + ... + l_r + r; \; a \ne b\}$$

$$- \begin{cases} o_1 o_{k_1} \;\; where \;\; 2 \le k_1 \le r, \;\; o_2 o_{k_2} \;\; where \;\; 3 \le k_2 \le r, \;\; o_3 o_{k_3} \;\; where \;\; 4 \le k_3 \le r, ..., o_{r-1} o_r, \\ o_1 o_{2 j_2}, o_1 o_{3 j_3} ...., o_1 o_{r j_r} \; ; o_2 o_{3 j_3}, o_2 o_{4 j_4}, ... o_2 o_{r j_r}; o_3 o_{4 j_4}, o_3 o_{5 j_5}, ... o_3 o_{r j_r}; ...; o_{r-1} o_{r j_r} \quad , \\ where \;\; 1 \le j_2 \le l_2, 1 \le j_3 \le l_3 ..., 1 \le j_r \le l_r. \end{cases}$$

Etapa 5: $V_1 = \dfrac{NV_1}{r}$, $V_2 = \dfrac{NV_2}{r}$, $V_3 = \dfrac{NV_3}{r}$, ..., $V_r = \dfrac{NV_r}{r}$

$D_1 = D_{v1} / V_1$ (em que D_{v1} - o valor numérico 1 seguido do número de dígitos 0 da parte integral de V)$_1$

$D_2 = D_{v2} / V_2$ (em que D_{v2} - o valor numérico 1 seguido do número de dígitos 0 da parte integrante V)$_2$, ..., $D_r = D_{vr} / V_r$

(em que D_{vr} - o valor numérico 1 seguido do número de dígitos 0 da parte integral de V)$_r$

Passo 6: Dividir $\; ; D_1 = d_{11} + d_{12} + ... + d_{1l_1}, \; D_2 = d_{21} + d_{22} + ... + d_{2l_2} \quad ;....; \quad ;$

$D_r = d_{r1} + d_{r2} + ... + d_{rl_r}$

Atribuir $\qquad , \min \{o_1(t_1), o_{11}(t_{11})\} = d_{11} \; \min \{o_1(t_1), o_{12}(t_{12})\} = d_{12} \qquad ,...,$

$\min \{o_1(t_1), o_{1l_1}(t_{1l_1})\} = d_{1l_1}$ na primeira sub-rede.

Atribuir $\qquad , \min \{o_2(t_1), o_{21}(t_{21})\} = d_{21} \; \min \{o_2(t_1), o_{22}(t_{22})\} = d_{22} \qquad ,...,$

$\min \{o_2(t_1), o_{2l_2}(t_{2l_2})\} = d_{2l_2}$ na segunda sub-rede, continuando o processo até atribuir

$\min \{o_r(t_1), o_{r1}(t_{r1})\} = d_{r1}, \min \{o_r(t_1), o_{r2}(t_{r2})\} = d_{r2} \qquad ,...., \qquad ,$

$\min \{o_r(t_1), o_{rl_r}(t_{rl_r})\} = d_{rl_r}$

na r-ésima sub-rede.

Passo 7: O resto dos valores de associação da aresta serão seguidos pela definição de SVNN

fim

4.5 Algoritmo de desencriptação

Entrada: SVNN encriptado

Saída: *NV*, o número secreto

Começar

Passo 1: Encontrar os membros dominantes eficientes da SVNN o_1 , o_2 , o_3 ,..., o_r de modo a que $N[o_1] \cap N[o_2] \cap ... N[o_r] = \phi$ e $N[o_i]$ representem os vizinhos do vértice o_i

Passo 2: $V_1 = D_{v1} \left(\displaystyle\sum_{j_1=1}^{l_1} d_{1 j_1} \right)$

$$V_2 = D_{v2} \left(\sum_{j_2=1}^{l_2} d_{1 j_2} \right), ..., V_r = D_{vr} \left(\sum_{j_r=1}^{l_r} d_{1 j_r} \right)$$

Passo 3: $NV = r \left(\displaystyle\sum_{i=1}^{r} V_i \right)$

Fim

4.6 ILUSTRAÇÃO

O número secreto é $NV = 10810$

4.6.1 Construção de SVNN a partir de sub SVNN

O valor numérico adequado NV. Temos de dividir este NV no módulo $r=5$. Agora NV é subdividido em '5' valores, digamos NV_1 , NV_2 , NV_3 , NV_4 , NV_5 tal que , , $NV_1 = 3000 \equiv 0 (\bmod r)$ $NV_2 = 3001 \equiv 1(\bmod r)$ $NV_3 = 1502 \equiv 2(\bmod r)$, $NV_4 = 1503 \equiv 3(\bmod r)$ $NV_5 = 1804 \equiv 4(\bmod r)$. Uma vez que temos '5' valores de subdivisão, temos de enquadrar 5 sub-redes e planeamos atribuir '5' nós de dominação eficiente na rede construída. Sejam os nós dominantes eficientes (EDN) o_1 , o_2 , o_3 , o_4 , o_5 . Estes nós são o centro das sub-redes SN_1 , SN_2 , SN_3 , SN_4 , SN_5 . respetivamente. Os nós vizinhos de o_1 , o_2 , o_3 , o_4 , o_5 são $o_{11}, o_{12}, o_{13}, o_{14}, o_{15}, o_{16}$; $o_{21}, o_{22}, o_{23}, o_{24}$; ; $o_{31}, o_{32}, o_{33}, o_{34}$ $o_{41}, o_{42}, o_{43}, o_{44}$ $o_{51}, o_{52}, o_{53}, o_{54}, o_{55}, o_{56}$ respetivamente. (a seleção dos nós vizinhos depende da nossa escolha)

A primeira sub-rede é a SN_1 cujo centro é o_1 e os seus vizinhos são $o_{11}, o_{12}, o_{13}, o_{14}, o_{15}, o_{16}$. Primeiro valor de subdivisão $NV_1 = 3000 \equiv 0 (\mathrm{mod}\, r)$. O conjunto $V_1 = \dfrac{NV_1}{r} = \dfrac{3000}{5} = 600$ *and* $D_1 = D_{v1}/V_1 = 1000/600 = 0.600$ (em que D_{v1} é o valor numérico 1 seguido do número de dígitos 0 da parte integral de V_1) é dividido numa soma de 6 valores, ou seja, $d_{11}, d_{12}, ... d_{1_6}$, e estes valores são o valor mínimo de o_1 ou de $o_{11}, o_{12}, o_{13}, o_{14}, o_{15}, o_{16}$ valor de grau de verdade.

A segunda sub-rede é a SN_2 cujo centro é O_2 e os seus vizinhos são $o_{21}, o_{22}, o_{23}, o_{24}, o_{25}. o_{26}$. Valor da segunda subdivisão $NV_2 = 3001 \equiv 1(\mathrm{mod}\, r)$. O conjunto $V_2 = \dfrac{NV_2}{r} = \dfrac{3001}{5} = 600.2$ *and* $D_2 = D_{v2}/V_2 = 1000/600.2 = 0.6002$ (em que D_{v2} é o valor numérico 1 seguido do número de 0's da parte integral de V_2) é dividido numa soma de 6 valores, ou seja, $d_{21}, d_{22}, ... d_{26}$, e estes valores são o valor mínimo de$_2$ ou . $o_{21}, o_{22}, ..., o_{26}$

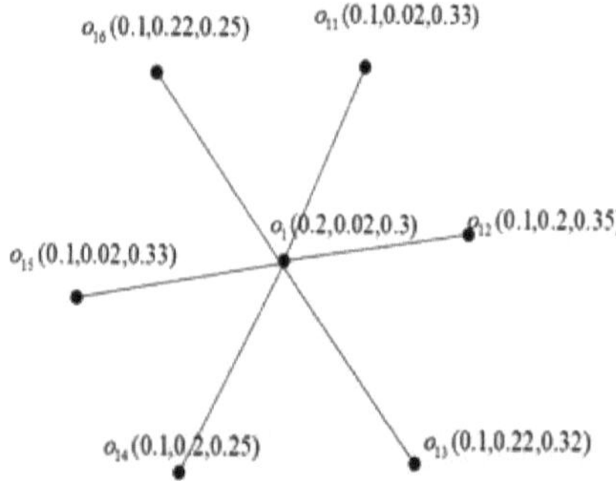

Figura 4.8 Ilustração da sub-rede SVN-1

Pela definição de SVNN, os valores do grau de associação das arestas são min

$\{o_1(t_1),o_{11}(t_{11})\}$, $\min\{o_1(i_1),o_{11}(i_{11})\}$, $\max\{\,)o_1(f_1),o_{11}(f_{11})\}$

$(\min\{o_1(t_1),o_{12}(t_{12})\}$, $\min\{o_1(i_1),o_{12}(i_{12})\}$, $\max\{o_1(f_1),o_{12}(f_{12})\}\,)$,...,

$(\min o_1(t_1),o_{16}(t_{16})\}$, $\min\{o_1\{i_1\},o_{16}(i_{16})\}$, $\max\{o_1\{f_1\},o_{16}(f_{16})\}$),
respetivamente

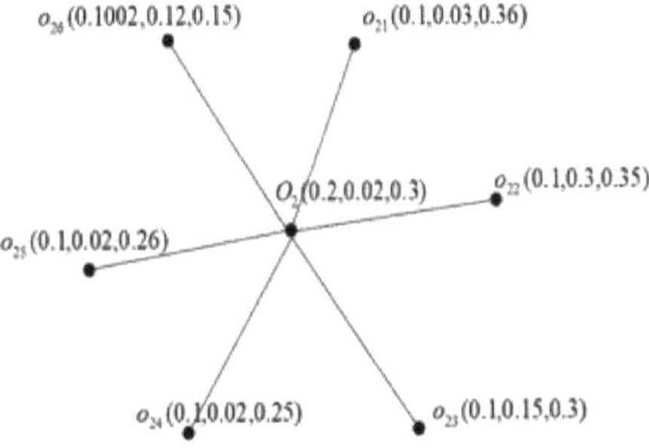

Figura 4.9 Ilustração da sub-rede SVN-2

De acordo com a definição de SVNN, os valores do grau de associação das arestas $o_2o_{21},o_2o_{22},...,o_2o_{2l_2}$ são

$(\min\{o_2(t_2),o_{21}(t_{21})\}$, $\min\{o_2(i_2),o_{21}(i_{21})\}$, $\max\{\,)\,o_2(f_2),o_{21}(f_{21})\}$

$(\min\{o_2(t_2),o_{22}(t_{22})\}$, $\min\{o_2(i_2),o_{22}(i_{22})\}$, $\max\{o_2(f_2),o_{22}(f_{22})\}$,...,

$(\min\{o_2(t_2),o_{26}(t_{26})\}$, $\min\{o_2(i_2),o_{26}(i_{26})\}$, $\max\{o_2(f_2),o_{26}(f_{26})\}$)
respetivamente

A terceira sub-rede é a SN_3 cujo centro é O_3 e os seus vizinhos são $o_{31},o_{32},o_{33},o_{34},o_{35}$. Valor da terceira subdivisão

$NV_3 = 1502 \equiv 2(\mathrm{mod}\, r)$. O conjunto $V_3 = \dfrac{NV_3}{r} = \dfrac{1502}{5} = 300.4$ *and*

$D_3 = D_{v3} / V_3 = 1000 / 300.4 = 0.3004$ (em que D_{v3} é o valor numérico 1 seguido do número de 0's da parte integral de V_3) é dividido numa soma de 5 valores, ou seja, $d_{31}, d_{32}, ... d_{35}$, e estes valores são o valor mínimo de$_3$ ou de $o_{31}, o_{32}, ..., o_{35}$, o valor do grau de filiação verdadeiro.

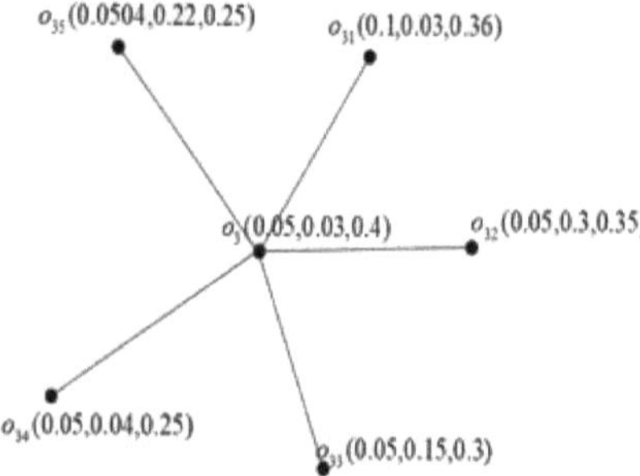

Figura 4.10 Ilustração da sub-rede SVN-3

A quarta sub-rede é a *SN*$_4$ cujo centro é o_4 e os seus vizinhos são $o_{41}, o_{42}, o_{43}, o_{44}, o_{45}$. Valor da quarta subdivisão $NV_4 = 1503 \equiv 3(\mathrm{mod}\, r)$. O conjunto $V_4 = \dfrac{NV_4}{r} = \dfrac{1503}{5} = 300.6$ *and* $D_4 = D_{v4} / V_4 = 1000 / 300.6 = 0.3006$ (em que D_{v4} é o valor numérico 1 seguido do número de 0's da parte integral de V_4) é dividido numa soma de 5 valores, ou seja, $d_{41}, d_{42}, ... d_{45}$, e estes valores são o valor mínimo de o_4 ou de $o_{41}, o_{42}, o_{43}, o_{44}, o_{45}$ valor de grau de verdade.

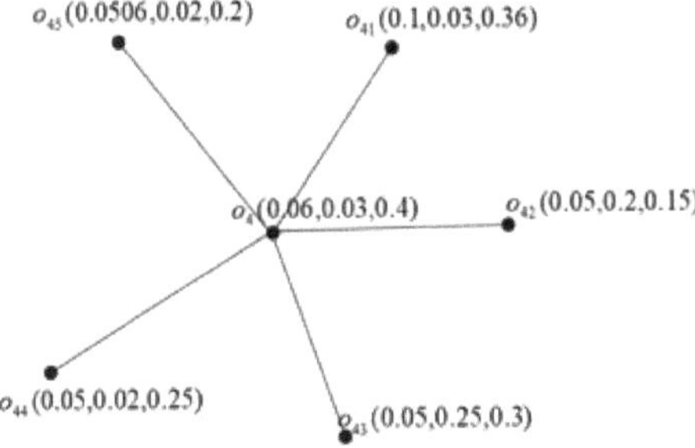

Figura 4.11 Ilustração da sub-rede SVN-4

A quinta sub-rede é a SN_5 cujo centro é o_5 e os seus vizinhos são $o_{51},o_{52},o_{53},o_{54},o_{55},o_{56}$. Quarto valor da subdivisão $NV_5 = 1804 \equiv 4(\mathrm{mod}\, r)$. O conjunto $V_5 = \dfrac{NV_5}{r} = \dfrac{1804}{5} = 360.8$ *and* $D_5 = D_{v5}/V_5 = 1000/360.8 = 0.3608$ (em que D_{v5} é o valor numérico 1 seguido do número de 0's da parte integral de V_5) é dividido numa soma de 6 valores, ou seja, $d_{41}, d_{42}, ... d_{45}$, e estes valores são o valor mínimo de$_5$ ou $o_{51},o_{52},o_{53},o_{54},o_{55},o_{56}$, o valor do grau de verdade.

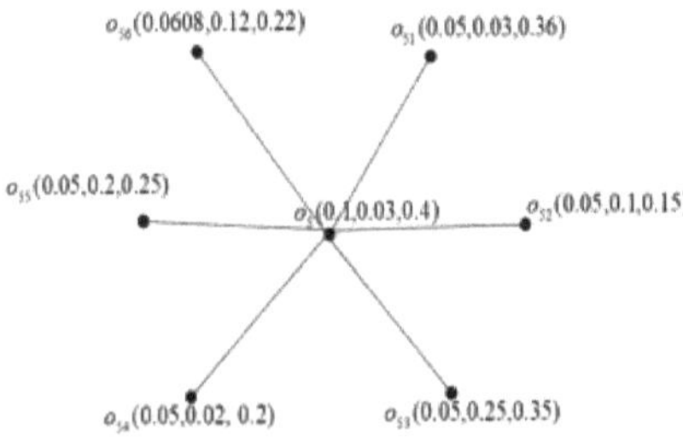

Figura 4.12 Ilustração da sub-rede SVN-5

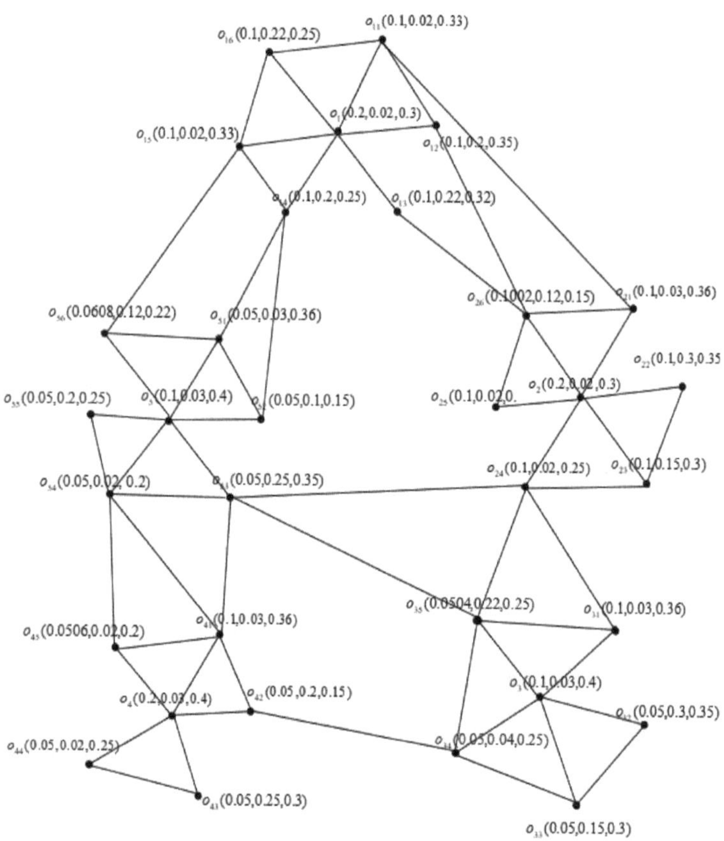

Figura 4.13 Ilustração SVNN encriptada com o número secreto - 10810

Os valores de grau de afiliação das arestas são apresentados de seguida

Arestas	Valores do grau de filiação	Arestas	Valores do grau de filiação
$o\,o_{111}$	(0.1,0.02,0.33)	$o\,o_{3334}$	(0.05,0.04,0.3)
$o_1\,o_{12}$	(0.1,0.02,0.35)	$o\,o_{3435}$	(0.05,0.04,0.25)

68

$o_1 o_{13}$	(0.1,0.22,0.32)	$o\,o_{441}$	(0.1,0.03,0.4)
$o_1 o_{14}$	(0.1,0.02,0.3)	$o\,o_{442}$	(0.05,0.03,0.4)
$o_1 o_{15}$	(0.1,0.02,0.33)	$o\,o_{443}$	(0.05,0.03,0.4)
$o_1 o_{16}$	(0.1,0.02,0.3)	$o\,o_{444}$	(0.05,0.02,0.4)
$o_{11} o_{21}$	(0.1,0.02,0.36)	$o\,o_{445}$	(0.0506,0.02,0.4)
$o_{12} o_{26}$	(0.1,0.12,0.35)	$o\,o_{4145}$	(0.0506,0.02,0.36)
$o_{13} o_{26}$	(0.1,0.12,0.32)	$o\,o_{4142}$	(0.05,0.03,0.36)
$o_{11} o_{16}$	(0.1,0.02,0.33)	$o\,o_{4344}$	(0.05,0.02,0.3)
$o_{11} o_{12}$	(0.1,0.02,0.36)	$o\,o_{4153}$	(0.05,0.03,0.36)
$o_{14} o_{15}$	(0.1,0.02,0.25)	$o\,o_{4554}$	(0.05,0.02,0.2)
$o_{15} o_{16}$	(0.1,0.02,0.33)	$o\,o_{4154}$	(0.05,0.02,0.2)
$o_2 o_{21}$	(0.1,0.02,0.36)	$o\,o_{551}$	(0.05,0.03,0.4)
$o_2 o_{22}$	(0.1,0.02,0.3)	$o\,o_{552}$	(0.05,0.03,0.36)
$o\,o_{223}$	(0.1,0.02,0.3)	$o\,o_{553}$	(0.05,0.03,0.4)
$o\,o_{224}$	(0.1,0.02,0.3)	$o\,o_{554}$	(0.05,0.02,0.4)
$o\,o_{225}$	(0.1,0.02,0.3)	$o\,o_{555}$	(0.05,0.03,0.4)
$o\,o_{226}$	(0.1002,0.02,0.3)	$o\,o_{556}$	(0.0608,0.03,0.4)
$o\,o_{2126}$	(0.1,0.03,0.36)	$o\,o_{1452}$	(0.05,0.1,0.25)
$o\,o_{2526}$	(0.1,0.02,0.2)	$o\,o_{1451}$	(0.05,0.03,0.36)
$o\,o_{2324}$	(0.1,0.02,0.3)	$o\,o_{1556}$	(0.0608,0.02,0.33)
$o\,o_{2223}$	(0.1,0.15,0.35)	$o\,o_{5156}$	(0.05,0.03,0.36)
$o\,o_{331}$	(0.05,0.03,0.36)	$o\,o_{5152}$	(0.05,0.03,0.361)
$o\,o_{332}$	(0.05,0.03,0.4)	$o\,o_{5354}$	(0.05,0.02,0.35)
$o\,o_{333}$	(0.05,0.03,0.4)	$o\,o_{5455}$	(0.05,0.02,0.25)
$o\,o_{334}$	(0.05,0.03,0.4)	$o\,o_{2453}$	(0.05,0.02,0.35)

$o\,o_{335}$	(0.0504,0.03,0.4)	$o\,o_{3453}$	(0.05,0.22,0.35)
$o\,o_{3135}$	(0.0504,0.03,0.36)	$o\,o_{4542}$	(0.05,0.04,0.25)
$o\,o_{3233}$	(0.05,0.15,0.35)		

4.6.2 Chave secreta:

A chave para decifrar a rede SVNN encriptada são os membros dominantes eficientes da rede SVN encriptada, que é mostrada na figura 13. Assim que encontrarmos o conjunto dominante eficiente desta rede, podemos decifrá-la. Os membros dominantes eficientes desta SVNN são o_1, o_2, o_3, o_4, e o_5.

4.6.3 Algoritmo de encriptação:

Entrada: $NV = 10810$ é o número secreto

Saída: Rede SVN encriptada

começar

Passo 1: Subdividir o número secreto NV em "5" valores NV_1, NV_2, NV_3, NV_4, NV_5 de modo a que , , $NV_1 = 3000 \equiv 0(\bmod r)$ $NV_2 = 3001 \equiv 1(\bmod r)$ $NV_3 = 1502 \equiv 2(\bmod r)$, $NV_4 = 1503 \equiv 3(\bmod r)$ $NV_5 = 1804 \equiv 4(\bmod r)$.

Etapa 2: Enquadrar '5′ sub-redes e planear a atribuição de '5' nós dominantes eficientes na rede construída. Os nós dominantes eficientes (EDN) são o_1, o_2, o_3, o_4, e o_5. Estes nós são os centros das sub-redes SN_1, SN_2, SN_3, , SN_4, SN_5 respetivamente. Os vizinhos de o_1, o_2, o_3, o_4, e o_5 são $o_{11}, o_{12}, o_{13}, o_{14}, o_{15}, o_{16}$; $o_{21}, o_{22}, o_{23}, o_{24}, o_{25}, o_{26}$; ; ; $o_{31}, o_{32}, o_{33}, o_{34}$ $o_{41}, o_{42}, o_{43}, o_{44}$ $o_{51}, o_{52}, o_{53}, o_{54}, o_{55}, o_{56}$ respetivamente.

Passo 3: O número de nós presentes na rede SVN é 33.

O número mínimo de arestas presentes na rede construída é indicado por

$$\text{Min } E = \{o_1 o_{1j_1}, o_2 o_{2j_2}, ..., o_5 o_{5j_5} / 1 \le j_1 \le 6, 1 \le j_2 \le 6, 1 \le j_3 \le 5, 1 \le j_4 \le 5, 1 \le j_5 \le 6\}$$

$$\cup \{o_{1j_1} o_{2j_2}, o_{2j_2} o_{3j_3}, o_{4j_4} o_{5j_5}\} \quad \text{para} \quad \text{apenas} \quad \text{um } j_1, j_2, ..., j_5 \quad \text{em} \quad \text{que}$$

$$1 \le j_1 \le 6, 1 \le j_2 \le 6, 1 \le j_3 \le 5, 1 \le j_4 \le 5, 1 \le j_5 \le 6$$

Assim, o número mínimo de arestas presentes na rede é 32

Passo 4: O número máximo de arestas presentes na rede construída é indicado por $\text{Max } E = \{(a,b); 1 \le a, b \le 33; a \ne b\}$

$$- \begin{cases} o_1 o_{k_1} \ where\ 2 \le k_1 \le 6,\ o_2 o_{k_2}\ where\ 3 \le k_2 \le 6,\ o_3 o_{k_3}\ where\ 4 \le k_3 \le 5, . o_4 o_5, \\ o_1 o_{2j_2}, o_1 o_{3j_3} ...., o_1 o_{5j_5}; o_2 o_{3j_3}, o_2 o_{4j_4}, ... o_2 o_{5rj_5}; o_3 o_{4j_4}, o_3 O_{o5j5}; o_4 o_{5j5} \\ where\ 1 \le j_2 \le 6,\ 1 \le j_3 \le 5, 1 \le j_4 \le 5, 1 \le j_5 \le 6. \end{cases} \quad ,$$

Etapa 5: $V_1 = \dfrac{NV_1}{r} = \dfrac{3000}{5}, V_2 = \dfrac{3001}{5}, V_3 = \dfrac{1502}{5}, V_4 = \dfrac{1503}{5}, V_5 = \dfrac{1804}{5}$

$D_1 = D_{v1} / V_1 = 1000/600 = 0.600$; $D_1 = D_{v1}/V_1$ (em que D_{v1} - o valor numérico

1 seguido do número de dígitos 0 da parte integral de V_1). Os restantes

valores de D_2, D_3, D_4, D_5 são calculados como D_1 .

$D_2 = 1000/600.2 = 0.6002$; ; $D_3 = 1000/300.4 = 0.3004$ $D_4 = 1000/300.6 = 0.3006$

; $D_5 = 1000/360.8 = 0.3608$

Passo 6: Dividir $D_1 = d_{11} + d_{12} + d_{13} + d_{14} + d_{15}$ =

0,1+0,1+0,1+0,1+0,1+0,1+0,1;

$D_2 = d_{21} + d_{22} + d_{23} + d_{24} + d_{25} = 0.1 + 0.1 + 0.1 + 0.1 + 0.1 + 0.1002$:

$D_3 = d_{31} + d_{32} + d_{33} + d_{34} + d_{35} = 0.05 + 0.05 + 0.05 + 0.1 + 0.0504$

$D_4 = d_{41} + d_{42} + d_{43} + d_{44} + d_{45} = 0.05 + 0.05 + 0.05 + 0.1 + 0.0506$

$D_5 = d_{51} + d_{52} + d_{53} + d_{54} + d_{55} + d_{56} = 0.05 + 0.05 + 0.05 + 0.05 + 0.05 + 0.0608$

Atribuir   , $\min \{o_1(t_1), o_{11}(t_{11})\} = d_{11}$ $\min \{o_1(t_1), o_{12}(t_{12})\} = d_{12}$,...,

$\min \{o_1(t_1), o_{16}(t_{16_1})\} = d_{16}$ na primeira sub-rede

Atribuir $, \min\{o_2(t_1), o_{21}(t_{21})\} = d_{21}$ $\min\{o_2(t_1), o_{22}(t_{22})\} = d_{22}$,...,

$\min\{o_2(t_1), o_{26}(t_{26})\} = d_{26}$ na segunda sub-rede, continuando o processo até

atribuir

$\min\{o_5(t_1), o_{51}(t_{51})\} = d_{51}$, $\min\{o_5(t_1), o_{52}(t_{52})\} = d_{52}$,...., , $\min\{o_5(t_1), o_{56}(t_{56})\} = d_{56}$

na 5.ª sub-rede.

Passo 7: O resto dos valores de associação da aresta serão seguidos pela

definição de SVNN

fim

4.6.4 Algoritmo de desencriptação:

Entrada: SVNN encriptado

Saída: NV, o número secreto

Começar

Passo 1: Encontrar os membros dominantes eficientes da SVNN o_1, o_2,

o_3, o_4, o_5 de modo a que $N[o_1] \cap N[o_2] \cap N[o_3] \cap N[o_4] \cap N[o_5] = \phi$

Passo 2: $V_1 = D_{v1}\left(\sum_{j_1=1}^{6} d_{1j_1}\right) = 1000(0.1 + 0.1 + 0.1 + 0.1 + 0.1 + 0.1) = 600$

$V_2 = D_{v2}\left(\sum_{j_2=1}^{6} d_{1j_2}\right) = 1000(0.6004) = 600.4,$, ,

$V_3 = D_{v3}\left(\sum_{j_2=1}^{5} d_{1j_2}\right) = 1000(0.3004) = 300.4$

$V_4 = D_{v4}\left(\sum_{j_2=1}^{5} d_{1j_2}\right) = 1000(0.3006) = 300.6$ $V_5 = D_{v5}\left(\sum_{j_2=1}^{6} d_{1j_2}\right) = 1000(0.3608) = 360.8$

Passo 3: $NV = r\left(\sum_{i=1}^{5} V_i\right) = 5(2162) = 10810$.

Fim

A técnica computacional mais segura consiste em encontrar a informação secreta utilizando a encriptação e a desencriptação. A modelação matemática da rede Fuzzy, Intuitionistic e Neutrosophic é definida e construída para iludir o intruso crescente. O parâmetro de dominação desempenha uma técnica de nuance para desencriptar a rede enquadrada. Além disso, é criado um algoritmo para encriptar e desencriptar o número secreto dado. A chave secreta consiste em encontrar o conjunto dominante eficiente de FSN, IFN e SVNN. A repetição da atribuição dos valores d_{ij} e do número máximo de arestas apresentadas nas redes construídas torna-se mais complicada. Além disso, de acordo com a construção de todos os grafos Fuzzy, Intuicionistas e Neutrosóficos acima referidos, o conjunto dominante eficiente da rede construída é único e também é forte.

REFERÊNCIAS

1. K. T. Atanassov, Intutionistic fuzzy set theory and applications physica, Nova Iorque, 1999.

2. N. Biggs, 'Perfect codes in graphs', J. Combin. Theory Ser. B, vol. 15 ,1973. 289-296.

3.J. A. Bondy e U. S. R. Murthy, Graph Theory with Applications, American Elsevier Publishing Co., New York ,1976.

4. E. J. Cockayne e S.T. Hedetniemi towards a Theory of Domination in Graph Networks 7, 1977,247-261.

5. Enrico Enriquez , Grace Estrada , Carmelita Loquias , Reuella J Bacalso e Lanndon Ocampo , Domination in fuzzy directed graphs , Mathematics, 2021,9,2143

6. M.G Karunambigai, R. Parvathi e R. Bhuvaneswari, Grafos Fuzzy Intuicionistas Constantes, NIFS, 17, 2011, 37-47.

7. V.R.Kulli e Janakiram, B , "The split domination number of a graph", Graph Theory Notes of New York, New York Academy of sciences XXXXII, 1997, 16-19.

8. V.R. Kulli , Teoria da dominação em grafos, Vishwa International Publications, 2012.

9.V.R.Kulli, D.K.Patwari, Dominação eficiente total em grafos, International Research Journal of pure algebra,6(1), 2016, 227-232.

10. Y.S.Kwon, J.Lee e M.Y.Sohn, Classification of efficient dominating sets of circulant graphs of degree 5, Graphs and Combinatorics, 2022-38,120.

11. A.Meenakshi, Equitable Domination in inflated graphs and its complements, AIP Conference Proceedings, 2277, 100006, (2020), 100006-1-8.

12. A.Meenakshi e J. Baskar Babujee, Encriptação através de Etiquetagem usando Dominação Eficiente, Jornal Asiático de Investigação em Ciências Sociais e Humanas, 2016- 6 (9): 1967-1974.

13. A.Meenakshi e J.Baskar Babujee, Paired equitable Domination in Graphs, International Journal of Pure and Applied Mathematics, Vol.109, No.7, 2016,75-81.

14. A.Meenakshi, Paired Equitable domination in inflated graph, Revista internacional de tecnologia inovadora e exploração de engenharia, Vol,8 issue-7,2019,1117-1120.

15. A.Meenakshi, J.Senbagamalar e A.Neel Armstrong "Encryption Using Graph Networks" - Actas da 2nd Conferência Internacional sobre Modelação Matemática e Ciências da Computação, ICMMCS 2021, parte da série de livros de Avanços em Sistemas Inteligentes e Computação (AICS) Volume 1422, 2021-123-130.

16. M. Mullai.M, S.Broumi , R. Jeya balan e R. Meenakshi, Split Domination in Neutrosophic Graphs, Neutrosophic sets and systems, Vol 47, 2021, 240-249.

17. A. Nagoor Gani e S. Anupriya, Split domination in Intuitionistic Fuzzy Graph , Advances in Computational Mathematics and its Applications, Vol.2, No. 2, 2012.

18. A.Nagoorgani e V.T. Chandrsekaran, Adv. in Fuzzy sets and Systems 1(1),2006,17-26

19. A. Nagoor Gani e S.Shajitha Begum, Degree, Order and Size in Intuitionistic Fuzzy Graphs, International Journal of algorithms, Computing and Mathematics Vol 3, No.3 2010,11-16.

20. Ore.O, 'Theory of Graphs', Amer. Math. Soc. Colloq. Publ., vol. 38, 1962,Providence.

21. A. Rosenfeld, Fuzzy graphs. L A Zadeh , K.S.Fu, M.Shimura (eds), Fuzzy sets and their applications, Academic, Newyork,1975.

22. A.Shannon e K.Atanassov ,On a Generalization of Intutionistic Fuzzy Graphs, NIFS, Vol 12,1,2006, 24-29.

23. V. Swaminathan, e Dharmalingam, KM, "Degree equitable domination on graphs", Kragujevac Journal of Mathematics, vol. 35, n.º 1, 2011,191-197.

24. A. Somasundram e V.T. Chandrasekaran, Adv. In Fuzzy sets and Systems 1(1), 2006, 17-26.

25. Teresa W Haynes & Slater, PJ 1998, 'Paired Domination in graphs', Networks, vol. 32, 199-206.

26. L A Zadeh , Fuzzy sets , Information and Control, 8, 1965,338-353.

27. Bange, D.W., Barkauskas, A.E., Host, L.H. e Slater, P.J., 1996. Generalized domination and efficient domination in graphs (Dominação generalizada e dominação eficiente em grafos). Discrete Mathematics, 159(1-3), pp.1-11.

28. Bange, D.W., 1988. Conjuntos dominantes eficientes em grafos. Aplicações da matemática discreta.

29. Gani, Nagoor & Chandrasekaran, V.T. (2006). Domination in the fuzzy graph (Dominação no gráfico difuso). Advances in Fuzzy Sets and Systems.

30. Munoz, Susana, M. Teresa Ortuno, Javier Ramírez e Javier Yanez. "Coloring fuzzy graphs". Omega (2005).

31. Dey, Arindam, e Anita Pal. "Técnica de coloração de gráficos difusos para classificar a zona acidental de um controlo de tráfego". Annals of Pure and Applied Mathematics (2013)

32. Chartrand, Gary, e Ping Zhang. "Um primeiro curso de teoria dos grafos". Courier Corporation, (2013).

33. Yegnanarayanan, V., Balas, V.E. e Chitra, G., (2014). Sobre certos números de dominação de grafos e aplicações. Revista Internacional de Paradigmas de Inteligência Avançada, 6(2), pp.122-135.

34. Myna, R. " Aplicação de gráfico fuzzy no tráfego". International Journal of Scientific & Engineering Research 6, no. 2 (2015).

35. Gani, A. Nagoor, e B. Fathima Kani. "Fuzzy vertex order coloring", Revista Internacional de Matemática Pura e Aplicada (2016).

36. Keshavarz, Esmail. "Coloração de vértices de grafos difusos: uma nova abordagem". Journal of Intelligent & Fuzzy Systems (2016)

37. NagoorGani, A., Akram, M. e Vijayalakshmi, P., (2016). Certos tipos de conjuntos fuzzy num gráfico fuzzy. Jornal Internacional de Aprendizagem Automática e Cibernética, 7, pp.573-579.

38. Muthuraj, R., e A. Sasireka. "Coloração de dominador fuzzy e número cromático fuzzy no produto cartesiano de gráfico fuzzy simples". Avanços em matemática teórica e aplicada, (2016).

39. Mathew, Sunil, John N. Mordeson e Davender S. Malik. "Fuzzy graph theory" (Teoria dos grafos difusos). Vol. 363. Berlim, Alemanha: Springer International Publishing, (2018).

40. X. -G. Chen, M. Y. Sohn e D. -X. Ma, "Total Efficient Domination in Fuzzy Graphs", em *IEEE Access*, vol. 7, pp. 155405-155411, (2019), doi: 10.1109/ACCESS.2019.2948849.

41. Chen, X.G., Sohn, M.Y. e Ma, D.X., (2019). Dominação total eficiente em grafos fuzzy. IEEE Access, 7, pp.155405-155411.

42. Meenakshi, A., Mythreyi, O., Bramila, M., Kannan, A. e Senbagamalar, J., (2023) Application of neutrosophic optimal network using operations. Journal of Intelligent & Fuzzy Systems, (Preprint), pp.1-13.

43. Kumaran, N., Meenakshi, A., Mahdal, M., Prakash, J.U. e Guras, R., 2023. Application of Fuzzy Network Using Efficient Domination. Mathematics, 11(10), p.2258.

44. Abdaoui, A., Erbad, A., Al-Ali, A. K., Mohamed, A., & Guizani, M. (2021). Criptografia de curva elíptica difusa para autenticação na Internet das coisas. IEEE Internet of Things Journal, 9(12), 9987-9998.

45. Al-Hamami, A. H., & Aldariseh, I. A. (2012, novembro). Método melhorado para o algoritmo do sistema de criptografia RSA. In 2012 International Conference on Advanced Computer Science Applications and Technologies (ACSAT) (pp. 402-408). IEEE.

46. Aliamis, Hardi. "RSA Cryptosystem with Fuzzy Set Theory for Encryption and Decryption." Actas da Conferência AIP. Vol. 30001. No. 2017. 1905.

47. Amin, R., & Biswas, G. P. (2015). Um protocolo melhorado de autenticação de utilizador baseado em RSA e acordo de chave de sessão utilizável em tmis. Journal of Medical Systems, 39(8), 79.

48. Ivy, B. P. U., Mandiwa, P., & Kumar, M. (2012). Um criptosistema RSA modificado baseado em números primos. Revista Internacional de Engenharia e Ciência da Computação, 1(2), 63-66.

49. Jamaludin, J., & Romindo, R. (2020). Implementação da Combinação de Cifra Vigenere e RSA em Criptossistema Híbrido para Segurança de Texto. IJISTECH (International Journal of Information System and Technology), 4(1), 471-481.

50. Kamardan, M. G., Aminudin, N., Che-Him, N., Sufahani, S., Khalid, K., & Roslan, R. (2018, abril). Sistema de criptografia RSA Multi Prime modificado. No Jornal de Física: Série de conferências (Vol. 995, No. 1, p. 012030). Publicação IOP.

51. Kumar, A., Sah, B., Singh, A. R., Deng, Y., He, X., Kumar, P., & Bansal, R. C. (2017). Uma revisão da tomada de decisão multicritério (MCDM) para o desenvolvimento sustentável de energia renovável. Renewable and sustainable Energy Reviews, 69, 596-609.

52. Mfungo, D. E., Fu, X., Xian, Y., & Wang, X. (2023). Um novo esquema de criptografia de imagem usando mapas caóticos e números difusos para transmissão segura de informações. Ciências Aplicadas, 13(12), 7113.

53. Ning, L., Ali, Y., Ke, H., Nazir, S., & Huanli, Z. (2020). Uma abordagem MCDM híbrida de seleção de cifra criptográfica leve com base nos requisitos de segurança de criptografia leve ISO e NIST para a Internet das Coisas da Saúde. IEEE Access, 8, 220165-220187.

54. Padmaja, C. J., Bhagavan, V. S., & Srinivas, B. (2016). Criptografia RSA usando três primos de Mersenne. Int. J. Chem. Sci, 14(4), 2273-2278.

55. Pius, A., & Kirubaharan, D. R. (2021). Application of cryptography in data privacy using fuzzy graph theory (Aplicação da criptografia na privacidade dos dados utilizando a teoria dos grafos difusos). Journal of Discrete Mathematical Sciences and Cryptography, 24(8), 2389-2401.

56. Rivest, R. L., Shamir, A., & Adleman, L. (1978). A method for obtaining digital signatures and public-key cryptosystems. Communications of the ACM, 21(2), 120-126.

57. Sahu, J., Singh, V., Sahu, V., & Chopra, A. (2017). Uma versão melhorada do RSA para aumentar a segurança. J. Netw. Commun. Emerg. Technol, 7(4), 1-4.

58. Somani, N., & Mangal, D. (2014). Um sistema criptográfico RSA melhorado. Revista Internacional de Aplicações Informáticas.

59. Tan, T., Mills, G., Papadonikolaki, E., & Liu, Z. (2021). Combinando métodos de tomada de decisão multicritério (MCDM) com modelagem de informações de construção (BIM): Uma revisão. Automação na Construção

60. Arman, H. (2023). Fuzzy analytic hierarchy process for pentagonal fuzzy numbers and its application in sustainable supplier selection. Journal of Cleaner Production, 409, 137190.

Printed by Books on Demand GmbH, Norderstedt / Germany